MySQL 数据库管理与应用

河南打造前程科技有限公司　主编

清华大学出版社
北　京

内 容 简 介

MySQL 作为一款开源的关系型数据库管理系统，有着强大的功能和广泛的应用领域，对促进信息化建设、推动数字经济发展起着重要的作用。本书全面介绍了 MySQL 数据库的技术原理、应用场景和开发实践，帮助读者掌握 MySQL 数据库的基本概念和高级特性，提升数据库设计与开发的能力。全书共 11 章，从数据库基础知识讲起，包括数据库概述、关系型数据库设计原则、SQL 语言基础等内容，逐步深入介绍 MySQL 数据库的高级特性和应用技巧，如查询优化、事务管理、索引优化，延伸学习在数字经济发展情境下，数据库的发展趋势和应用等内容。此外，本书最后一章还通过两个综合应用项目将理论知识与实际应用结合在一起。

本书内容深入浅出，理论结合实际，可作为高等院校计算机、信息技术及相关专业数据库课程的教材，也可作为数据库初学者、软件开发人员、数据库管理员等学习 MySQL 数据库的参考书。

图书在版编目(CIP)数据

MySQL 数据库管理与应用 / 河南打造前程科技有限公司主编. —北京：清华大学出版社，2023.10（2024.2 重印）
ISBN 978-7-302-64537-5

I. ①M⋯ II. ①河⋯ III. ①SQL 语言—数据库管理系统 IV. ①TP311.132.3

中国国家版本馆 CIP 数据核字(2023)第 167126 号

责任编辑：王　定
封面设计：周晓亮
版式设计：孔祥峰
责任校对：成凤进
责任印制：丛怀宇

出版发行：清华大学出版社
　　　　　网　　　址：https://www.tup.com.cn，https://www.wqxuetang.com
　　　　　地　　　址：北京清华大学学研大厦 A 座　　　　　邮　　编：100084
　　　　　社 总 机：010-83470000　　　　　　　　　　　邮　　购：010-62786544
　　　　　投稿与读者服务：010-62776969，c-service@tup.tsinghua.edu.cn
　　　　　质 量 反 馈：010-62772015，zhiliang@tup.tsinghua.edu.cn
印 装 者：小森印刷霸州有限公司
经　　销：全国新华书店
开　　本：185mm×260mm　　　印　　张：14.25　　　字　　数：390 千字
版　　次：2023 年 10 月第 1 版　　　印　　次：2024 年 2 月第 2 次印刷
定　　价：59.80 元

产品编号：097682-01

前言

2022 年 10 月，习近平总书记在党的二十大报告中指出："加快发展数字经济，促进数字经济和实体经济深度融合，打造具有国际竞争力的数字产业集群。"数字经济的崛起与繁荣，赋予了经济社会发展的"新领域、新赛道"和"新动能、新优势"，正在成为引领中国经济增长和社会发展的重要力量。

数字经济的发展离不开底层技术的支持，数据库作为信息化建设的核心基础设施之一，在构建数字中国、实现经济高质量发展中扮演着重要角色。MySQL 数据库是一款开源的关系型数据库管理系统，有着强大的功能和广泛的应用领域，对于促进信息化建设、推动数字经济发展起着不可或缺的作用。

我们要坚持教育优先发展、科技自立自强、人才引领驱动，加快建设教育强国、科技强国、人才强国，坚持为党育人、为国育才，全面提高人才自主培养质量，着力造就拔尖创新人才，聚天下英才而用之。作为 IT 从业者，我们肩负着积极响应党的号召，以信息化建设为引领，为推动经济社会发展作出积极贡献的责任和使命。如今，随着教育改革的不断深入，产教融合已经成为了高等教育改革的重要方向，因此，在编写本书的过程中，我们秉持满足读者需求、传递知识价值的原则，力求将 MySQL 数据库的技术与应用内容深入浅出地呈现给读者。

本书以 MySQL 数据库为核心内容，全面介绍 MySQL 数据库的技术原理、应用场景和开发实践，帮助读者掌握 MySQL 数据库的基本概念和高级特性，提升数据库设计与开发的能力。全书共11 章，从数据库基础知识讲起，包括数据库概述、关系型数据库设计原则、SQL 语言基础等内容，逐步深入介绍 MySQL 数据库的高级特性和应用技巧，如索引优化、查询优化、事务管理、恢复与备份，延展学习在数字经济发展情景下，数据库的发展趋势及应用等内容，此外，本书最后还通过两个综合应用项目，将理论知识应用于实践，实现教育与产业的有机结合。

本书旨在通过清晰的逻辑结构、简洁易懂的语言和实际案例来帮助读者快速掌握 MySQL 数据库技术，并在实际工作中灵活运用，与时俱进地应对信息化发展的新要求，为企业和社会创造更大的价值，推动中国软件技术和数据库领域的创新和发展。无论你是数据库初学者、软件开发人员、数据库管理员还是数据分析师，只要你对 MySQL 数据库感兴趣或需要在工作中应用 MySQL 数据库，本书都为你提供了宝贵的知识和指导。它既可以作为学习教材，也可以作为参考书。

本书在编写过程中，参考、借鉴了有关专著、教材及一些佚名作者的材料，在此对他们表示深深的谢意。由于编者水平有限，编写时间仓促，书中难免存在疏漏之处，敬请有关专家、学者和广大师生批评指正，以便不断修订完善。

本书免费提供教学大纲、教学课件、电子教案、数据库源文件、练习参考答案，读者可通过扫描下列二维码下载。

教学大纲　　　　　教学课件　　　　　电子教案　　　　　数据库源文件　　　　练习参考答案

编　者

2023 年 6 月

目录

走进数据库 第**1**章

欢迎走进数据库的世界！数据库作为现代信息管理的核心，在各个领域都发挥着不可或缺的作用。在这个充满各种各样信息的世界中，数据库不仅仅是数据的仓库，更是数据的组织、管理和应用的枢纽。

本章将介绍数据库的基本概念、类型、发展和应用，数据库系统在现代信息化时代的地位和重要性，一些常用的数据库软件和工具，以及一些实际应用场景和案例。通过本章的学习，希望读者能够对数据库有理解，为今后的学习和工作打下坚实的基础。

学习目标

- 了解数据库的基本概念
- 了解数据库的类型
- 了解 MySQL 数据库特征
- 掌握 MySQL 数据库的安装、启动、连接

1.1 基本概念

数据库世界中的许多概念和术语，对于初学者来说可能会感到有些困难。本小节将向读者介绍数据库的基本概念，包括数据库、数据库系统、数据库类型，以帮助读者更好地了解和应用数据库技术。

1.1.1 数据库和数据库系统

数据是对世间万物和现象的符号化表达，它有多种表现形式——可以是文字，也可以是图形、图像、声音、语言等，同时它也是数据库中的基本元素。信息则是从数据当中提炼、加工、处理出来的有用知识，是数据加工和处理的结果。在当今社会，信息已经成为各行各业重要的资源。信息的价值不仅仅在其所包含的内容，更在于其所具有的社会属性。这种社会属性是由信息的广泛应用和共享所带来的，信息的价值体现在其被制造、传递、处理、共享和利用的过程中。

数据库和数据库系统是现代计算机科学领域中非常重要的概念。在信息时代，人们面临着海量的数据，而如何高效地存储、管理和检索这些数据已经成为一项重要的任务。数据库和数据库系统就是为了解决这个问题而诞生的。

数据库系统(database system，DBS)是由数据库、数据库管理系统、应用程序和人员组成的集成系统。数据库管理系统是数据库系统的核心，它负责管理数据库的结构、数据、安全性和完整性等方面。应用程序则通过数据库管理系统来访问和管理数据库中的数据。

1. 数据库

数据库(database，DB)是一种有组织的相关数据集合，可以通过计算机进行访问、管理和更新数据。这类数据集合通常被组织成表格，每个表格包含多个列和行，每列定义了表格中的一个特定数据类型，每行则代表一个实体或一个记录。数据库可以在计算机上运行，通过计算机程序进行访问和管理，以满足各种不同的应用需求。

2. 数据库管理系统

数据库管理系统(database management system，DBMS)是一种位于用户和操作系统之间的大型管理软件，它是数据库系统的核心，主要用于管理和操作数据库。DBMS 主要提供了以下功能。

(1) 数据定义(DDL)。用于定义数据库中的数据结构。

(2) 数据操作(DML)。用于插入、修改、删除和查询数据库中的数据。

(3) 数据查询(SQL)。用于查询数据库中的数据，支持复杂的查询操作。

(4) 数据库事务处理。用于控制并发访问数据库中的数据，以确保数据的一致性和完整性。

(5) 数据库备份和恢复。用于备份数据库中的数据，以及在数据损坏或丢失时恢复数据。

(6) 数据库安全性管理。用于控制数据库中的访问权限，防止未经授权的访问和数据泄露。

(7) 数据库性能优化。用于优化数据库的性能，提高数据访问和查询的效率。

3. 应用程序

应用程序通过 DBMS 提供的 API 或查询语言(如 SQL)来访问数据库，执行各种操作，例如查询、插入、更新和删除数据等。应用程序可以根据需要对数据进行过滤、排序、分组和计算等操作，以及生成各种图表和报告。

4. 人员

人员主要包括 4 种。

(1) 系统分析人员和数据库设计人员。系统分析人员负责应用系统的需求分析和规范说明，参与数据库的概要设计，数据库设计人员负责数据库的模式设计。

(2) 应用程序员。应用程序员负责编写可以对数据库进行操作的应用程序，这些操作包括：检索、建立、删除和修改。

(3) 用户。用户使用应用程序提供的接口或者利用查询语言访问数据库。

(4) 数据库管理员(database administrator，DBA)，负责数据库的整体操作。

在实际应用中，数据库和数据库系统提供的功能可以解决很多问题。例如，在企业管理中，数据库可以存储员工信息、客户信息、销售数据等。通过数据库管理系统，企业可以轻松地管理这些数据，并根据需要生成各种报告和进行相关的分析。在金融领域，数据库可以存储交易数据、市场数据等。通过数据库管理系统，金融机构可以实时地监控市场动态，做出相应的决策。

1.1.2　数据库类型

数据库是数据库系统的重要组成部分，它可以存储、管理和处理大量的数据。根据数据存储方式的不同，数据库可以分为关系型数据库和非关系型数据库两种类型。

1. 关系型数据库

关系型数据库(relational database)是一种基于关系模型的数据库，它将数据存储在二维表中(如图 1-1 所示)，使用行和列来组织数据。每个表格由多个行和列组成，每一行代表一个记录，每一列代表一个属性。关系型数据库在管理和处理大量数据时非常有用，因为关系型数据库提供了一个结构化的方式来组织和查询数据。

学号	姓名	年龄	性别	籍贯
1001	张春花	20	女	上海
1002	刘志斌	21	男	北京
1003	王永庆	22	男	重庆

图 1-1　二维表格

2. 主流关系型数据库及市场占有情况

主流的关系型数据库包括 MySQL、Oracle、Microsoft SQL Server 和 PostgreSQL。这些数据库在市场上占据了很大的份额，并且在许多不同的行业和应用程序中都得到了广泛的应用。

MySQL 是其中最受欢迎的关系型数据库之一。它是开源数据库，可以在多个平台(Windows、Linux、Unix)上运行。MySQL 具有的高性能、可扩展性和可靠性使其成为许多企业和组织的首选数据库。MySQL 是功能强大的数据库，可以支持具有大型数据集和高负载的应用程序。此外，它还具有众多的工具和插件，可以为用户提供更多的功能和灵活性。

MySQL 的市场占有率非常高，特别是在 Web 应用程序和云计算领域。根据一份 DB-Engines 网站在 2021 年 1 月份发布的数据，MySQL 在全球关系型数据库市场中占据了超过 55%的份额(如图 1-2 所示)，成为市场领导者。其他的关系型数据库，像 Oracle 和 Microsoft SQL Server 等也有不错的市场份额，但是 MySQL 的增长速度更快，而且它的开源性质也让它更加受欢迎。

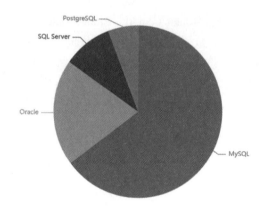

图 1-2　主流关系型数据库市场占有情况

3. 非关系型数据库

非关系型数据库和关系型数据库是两种不同的数据库类型。非关系型数据库使用不同的数据模型，如键值对、文档、图形等来存储和组织数据。

4. 常见的非关系型数据库及其应用场景

(1) 键值存储数据库：Redis。Redis 是一种开源的键值存储数据库，它的数据模型是键值对。Redis 被广泛应用于缓存、消息队列、实时数据处理、应用程序会话管理等场景。Redis 的特点是速度快、可扩展性好、支持多种数据结构和丰富的功能，如发布/订阅、事务、Lua 脚本等。

(2) 文档数据库：MongoDB。MongoDB 是一种面向文档的数据库，它使用文档来存储数据。文档是一种类似于 JSON 格式的数据结构，非常适合存储半结构化数据。MongoDB 被广泛应用于 Web 应用程序、大数据、物联网等场景。它的特点是灵活、可扩展性好、支持复杂的查询和索引、提供高可用性和数据安全性等。

(3) 图形数据库：Neo4j。Neo4j 是一种基于图形模型的数据库，它使用节点和边来存储和组织数据。图形数据库非常适合存储复杂的关系数据，如社交网络、知识图谱、推荐系统等。Neo4j 的特点是可扩展性好、支持复杂的查询和分析、提供高可用性和数据安全性等。

(4) 列存储数据库：HBase。HBase 是一种分布式列存储数据库，它使用列族来组织数据。HBase 被广泛应用于大数据、实时数据处理、日志分析等场景。它的特点是可扩展性好、支持复杂的查询和分析、提供高可用性和数据安全性等。

综上所述，可以得知非关系型数据库是一种不同于关系型数据库的数据库类型，它们使用不同的数据模型来存储和组织数据。不同的非关系型数据库适用于不同的应用场景，如缓存、消息队列、实时数据处理、Web 应用程序、大数据、物联网、社交网络、知识图谱、推荐系统等。选择适合自己应用场景的数据库是非常重要的。

1.2　MySQL 介绍

MySQL 最初由瑞典的 MySQL AB 公司开发，2008 年被 Sun Microsystems 收购，2010 年被 Oracle 收购。MySQL 的发展历史可以追溯到 20 世纪 90 年代。

1.2.1　MySQL 的发展历程

1994 年，Michael Widenius 和 David Axmark 在瑞典创建了一个名为 MySQL AB 的公司，开始开发 MySQL 数据库。

1995 年，MySQL 发布了第一个版本 MySQL 1.0，支持 Linux 和 FreeBSD 操作系统。MySQL 的第一个版本非常简单，只支持基本的 SQL 查询和更新操作。但是，MySQL 的速度非常快，很快就受到了用户的欢迎。

1996 年，MySQL 发布了第二个版本 MySQL 2.0，支持更多的 SQL 语句和功能。同时，MySQL 的用户数量也在不断增加。

1997 年，MySQL 发布了第三个版本 MySQL 3.0，支持更多的特性，如外键、事务等。MySQL 的用户数量继续增加，开始在 Web 应用程序中广泛使用。

2000 年，MySQL 发布了第四个版本 MySQL 4.0，支持更多的特性和性能优化，如子查询、SSL 支持、复制等，使得 MySQL 成为了一个成熟的关系型数据库管理系统。MySQL 的用户数量已经超过了 100 万，成为当时最受欢迎的开源数据库之一。

2003 年，MySQL 发布了第五个版本 MySQL 5.0，它增加了更多的高级功能，如存储过程、触发器、视图、事件调度器、全文搜索等，使得 MySQL 成为了一个强大的数据库管理系统。MySQL 的用户数量已经超过了 500 万，成为当时最受欢迎的开源数据库之一。

2008 年，Sun Microsystems 收购了 MySQL AB 公司，成为 MySQL 的所有者。此时，MySQL 已经成为了 Web 应用程序和企业级应用程序中广泛使用的数据库管理系统之一。

2010 年，Oracle 收购了 Sun Microsystems，成为 MySQL 的新所有者。虽然 Oracle 一度引起了 MySQL 社区的担忧，但是 MySQL 的发展仍在继续。

2018 年，MySQL 发布了第六个版本 MySQL 8.0，它增加了更多的新功能，如 JSON 支持、窗口函数、分析函数、GIS 功能、加密等，使得 MySQL 更加能够满足现代应用程序的需求。这也是本书主要讲解的版本。

1.2.2　MySQL 的应用场景

MySQL 发展至今，被广泛应用于 Web 应用程序和其他各种领域，并且 MySQL 可以在各种系统上运行，并提供多种编程语言的 API，使其易于使用和集成。它主要的使用场景如下：

（1）Web 应用程序。MySQL 在 Web 应用程序中得到了广泛的应用，如社交媒体网站、电子商务网站、博客等。MySQL 可以轻松地与 PHP、Java、Python 等 Web 编程语言集成，为 Web 应用程序提供可靠的数据存储和访问。

(2) 企业应用程序。MySQL 也被广泛用于企业应用程序，如 ERP、CRM、人力资源管理系统等。MySQL 可以轻松地与 Java、.NET 等企业级编程语言集成，为企业应用程序提供可靠的数据存储和访问。

(3) 移动应用程序。MySQL 也可以用于移动应用程序中的数据存储和访问。MySQL 可以与 iOS 和 Android 平台的开发语言集成，为移动应用程序提供可靠的数据存储和访问。

(4) 数据分析和商业智能。MySQL 也可以用于数据分析和商业智能应用程序中。MySQL 可以存储大量的数据，并提供丰富的查询和分析工具，以帮助用户从数据中提取有价值的信息。

(5) 游戏开发。MySQL 也可以用于游戏开发中的数据存储和访问。MySQL 可以存储游戏中的各种数据，如用户信息、游戏进度、排行榜等。

1.2.3 MySQL 的优点

MySQL 拥有很多优点，它被广泛应用于各种领域。其优点主要表现在以下方面。

(1) 高性能和可靠性。MySQL 是一种高性能的数据库管理系统，可以在大规模高并发的环境下运行，并且具有稳定的性能和可靠性。MySQL 使用 InnoDB 存储引擎，支持事务处理和 ACID 特性，可以确保数据的完整性和一致性。

(2) 易于使用和管理。MySQL 具有简单易用的特点，其安装和配置非常容易。MySQL 提供了强大的管理界面，可以方便地管理数据库、用户和权限。

(3) 开放源代码和免费。MySQL 是一种开放源代码的数据库管理系统，可以在各种操作系统上免费使用。MySQL 社区活跃，用户可以通过社区获取支持和帮助。

(4) 可扩展性和灵活性。MySQL 支持多种扩展性和灵活性特性，包括水平扩展和垂直扩展、分布式和集群架构、自定义存储引擎等。

(5) 多语言支持。MySQL 支持多种编程语言，包括 Java、PHP、Python 等，可以方便地集成到各种应用程序中。

1.3 MySQL 安装及启动

MySQL 可以在多个操作系统平台上运行，包括 Windows、Linux、Mac OS 等。在使用 MySQL 之前，需要先进行安装和启动。

1.3.1 MySQL 数据库安装

本书将以 Windows 操作系统为平台，介绍 MySQL 8 的安装。

1. 下载安装包

(1) 在 MySQL 官网(https://www.mysql.com/)下载安装包，如图 1-3 所示。

图 1-3　MySQL 官网

(2) 单击 DOWNLOADS 进入下载页面(如图 1-4 所示)。

图 1-4　DOWNLOADS 页面

(3) 在 DOWNLOADS 页面可以看到 MySQL 提供了三种类型的版本，如图 1-5 所示。

① MySQL Enterprise Edition，商业版，这是提供给商业公司使用的，需要付费使用，这个版本可以获得 MySQL 更多的官方技术支持。

② MySQL Cluster CGE，集群版，开源免费。

③ MySQL Community(GPL)，社区版，这是免费开源的版本，任何人都可以使用，在学习阶段使用此版本就可以满足学习、练习的需求。

MySQL Enterprise Edition

MySQL Enterprise Edition includes the most comprehensive set of advanced features, management tools and technical support for MySQL.

Learn More »
Customer Download »
Trial Download »

MySQL Cluster CGE

MySQL Cluster is a real-time open source transactional database designed for fast, always-on access to data under high throughput conditions.

- MySQL Cluster
- MySQL Cluster Manager
- Plus, everything in MySQL Enterprise Edition

Learn More »
Customer Download » (Select Patches & Updates Tab, Product Search)
Trial Download »

MySQL Community (GPL) Downloads »

图 1-5　MySQL 数据库三种版本

（4）在此页面中下方，找到 MySQL Community (GPL) Downloads 链接，单击进入开源版本选择页面，如图 1-6 所示。

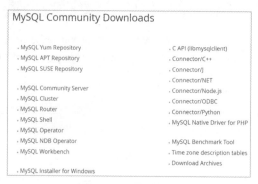

图 1-6　开源版本选择

（5）在这个页面中，可以下载到所有的开源版本。根据你的需求进行选择，本书介绍的 MySQL 主要是在 Windows 系统中使用，因此选择 MySQL Installer for Windows，单击此链接后进入到 MySQL 下载页面，如图 1-7 所示。

图 1-7　MySQL 下载

（6）在 MySQL 下载页面单击第二个 Download 按钮，即可下载 MySQL 安装包。下载完成后可以看到如图 1-8 所示的安装包。

图 1-8　MySQL 安装包

2. 安装 MySQL 数据库

下载完安装包，接下来进入 MySQL 的安装。

(1) 双击安装包进入安装页面，如图 1-9 和图 1-10 所示。

图 1-9　MySQL 安装准备页面

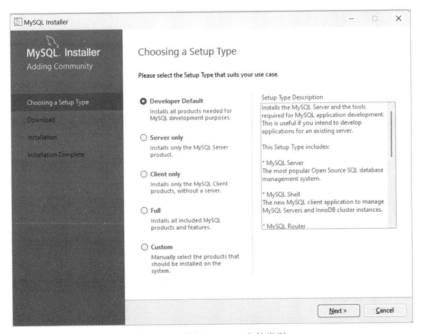

图 1-10　选择 MySQL 安装类型

(2) 进入安装页面后可以看到选择页面，选择安装的类型，在这个页面中的选项及其对应的功能如下。

① Developer Default：开发者默认安装，这是为开发者准备的，默认安装所有需要的组件。也是最省心的，如果不想了解更多的内容，选择此项进行安装即可。

② Server only：仅作为服务器安装，如果选择 Server only 安装选项，则只会安装 MySQL 服务器程序，不会安装 MySQL 的客户端工具如 MySQL Command Line Client、MySQL Workbench 等，也不会安装 MySQL 的示例文件和文档等其他组件。如果需要使用 MySQL 的客户端工具来连接到 MySQL 服务器进行操作，需要单独下载安装对应的客户端工具。

③ Client only：仅作为客户端安装，如果选择 Client only 安装选项，则需要手动配置 MySQL 客户端工具的参数和设置，如设置 MySQL 服务器的地址、端口号、用户名和密码等。这些操作通常需要一定的技术水平和 MySQL 使用经验，因此建议只有具备一定 MySQL 使用经验的用户才选择 Client only 安装选项。

④ Full：所有组件安装，安装 MySQL 的全部组件，包括 MySQL 服务器、客户端工具、示例文件、文档等所有组件。选择 Full 安装选项，可以获得最完整的 MySQL 安装包，适用于需要使用 MySQL 的所有组件的情况。该选项需要较大的磁盘空间和较长的安装时间。

⑤ Custom：自定义安装，用户自定义安装 MySQL 的组件。选择 Custom 安装选项可以根据用户的需求选择需要安装的 MySQL 组件，避免安装不必要的组件，从而减少安装的时间和磁盘空间。

作为开发者选择第一个选项即可，选择后单击 Next 按钮，进入 Check Requriements 页面，如图 1-11 所示。

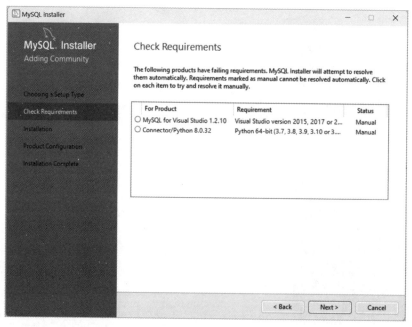

图 1-11　检测页面

(3) 在检测页面通常会列出 MySQL 的安装要求，如操作系统版本、CPU 架构、内存和磁盘空间等。用户需要检查自己的系统是否满足这些要求，如果不满足，则需要升级系统或者更换硬件等。如果满足要求，则单击 Next 按钮，并在弹出的对话框单击 Yes 按钮，如图 1-12 所示。

(4) 接下来在下载页面单击 Execute 按钮来下载 MySQL 数据库系统软件，如图 1-13 所示。下载完成后单击 Next 按钮进入软件安装页面，如图 1-14 所示。

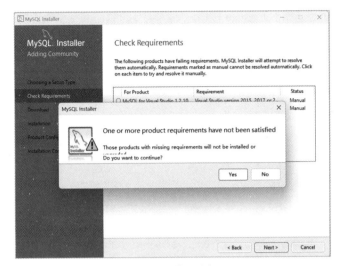

图 1-12 检测弹窗

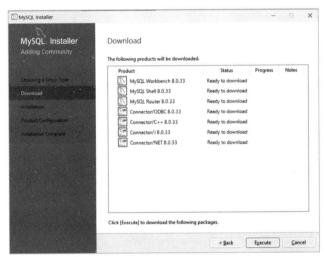

图 1-13 下载页面

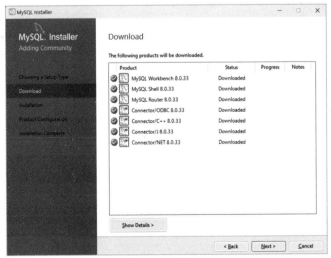

图 1-14 下载完成

(5) 进入安装页面后，单击 Execute 按钮，等待所有的数据库系统软件安装完毕，如图 1-15 所示。如图 1-16 所示，安装完成后单击 Next 按钮，进入到配置页面。

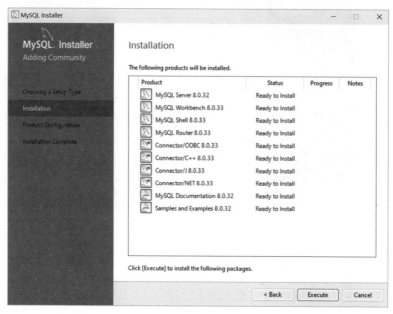

图 1-15　安装页面

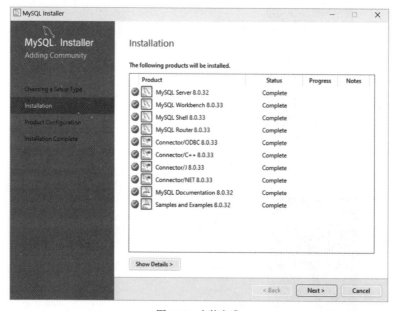

图 1-16　安装完成

(6) 在软件配置页面中可以看到需要配置的项目，单击 Next 按钮，如图 1-17 所示。

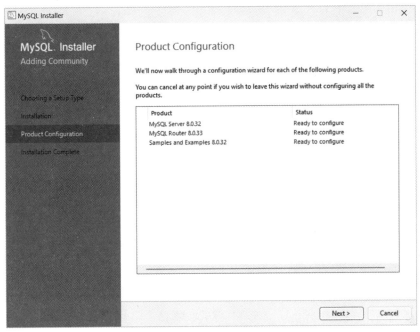

图 1-17 软件配置

(7) 接下来配置软件的详细信息。图 1-18 所示是用来配置类型和网络的，不用做修改直接单击 Next 按钮。进入下一步后配置权限方法，使用默认的权限即可，如图 1-19 所示。单击 Next 按钮进入到密码设置页面。

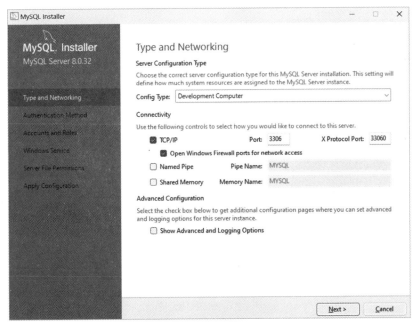

图 1-18 类型和网络配置

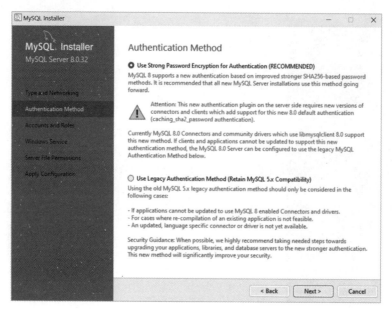

图 1-19 权限方法配置

(8) 进入到密码设置页面后，需要在此设置数据库超级管理员 root 账户的密码，密码是必须要设置的，并且要输入两次，两次的输入要保持一致。读者可以按照自己的使用习惯设置，如果是开发人员使用，尽量设置复杂的密码以保障数据安全。设置完成后单击 Next 进入下一步，如图 1-20 所示。

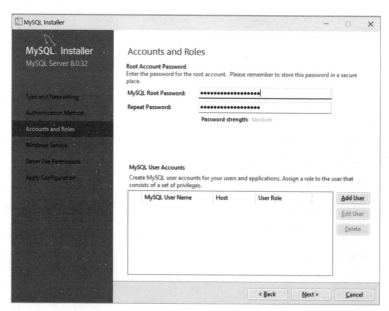

图 1-20 账户密码设置

(9) 接下来进入系统服务设置页面，不需要做修改，直接单击 Next 进入到下一步，如图 1-21 所示。

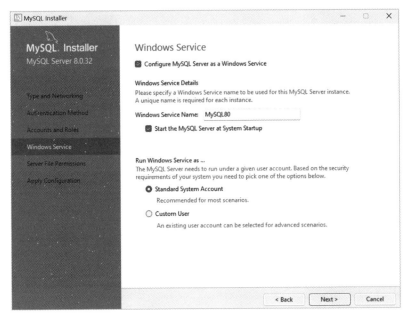

图 1-21　系统服务设置页面

(10) 接下来进入文件权限设置，使用默认设置即可，如图 1-22 所示。单击 Next 按钮，进入下一步。

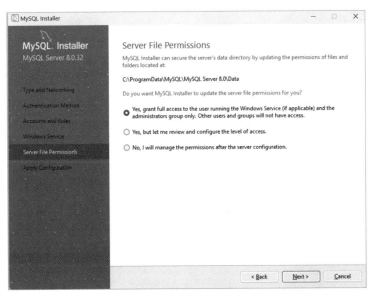

图 1-22　文件权限设置

(11) 在执行完文件权限设置之后，执行配置的应用，将更改后的配置应用到 MySQL 服务器，在此页面单击 Execute 按钮执行配置的应用，如图 1-23 所示。执行完成后单击 Finish 按钮完成配置的应用，如图 1-24 所示。

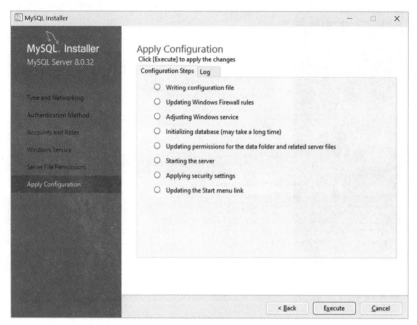

图 1-23　执行配置应用

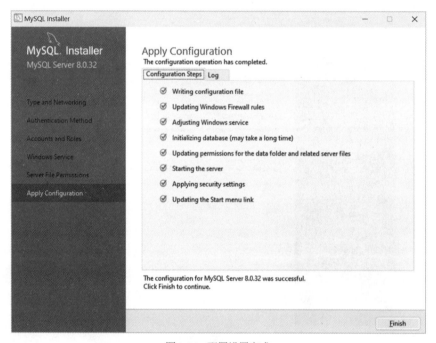

图 1-24　配置设置完成

(12) 单击 Finish 后，完成所有的安装，如图 1-25 所示。

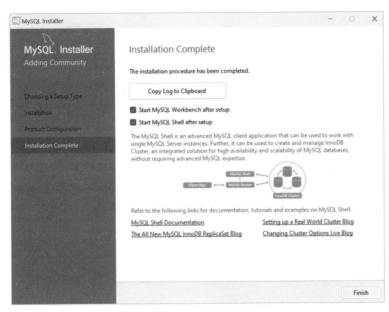

图 1-25　安装完成

1.3.2　启动和停止 MySQL 数据库

经过漫长的安装过程，终于可以启动并使用 MySQL 数据库了。

1. 启动 MySQL 数据库

在使用 MySQL 数据库之前，一定要确保 MySQL 是启动的，接下来介绍如何启动 MySQL 数据库。

(1) 使用 MySQL 服务。

① 打开"服务"窗口。可以通过按下 Win+R 键，输入 services.msc 并按下 Enter 键来打开该窗口。

② 找到 MySQL 服务。在服务窗口中，找到 MySQL 服务并双击它。

③ 启动 MySQL 服务。在 MySQL 服务属性窗口中，单击"启动"按钮来启动 MySQL 服务。

(2) 使用命令行。

在 Windows 中，可以使用命令行来启动 MySQL 服务器。步骤如下。

① 打开命令行窗口。可以按下 Win+R 键，打开"运行"窗口，输入 cmd 并使用快捷键 Ctrl+Shift+Enter，使用管理员身份打开命令行窗口。

② 在命令行窗口输入"net start MySQL 名称"命令启动 MySQL 服务：MySQL 8.0 默认的名称为 MySQL80(不区分大小写)，例如：

```
net start mysql80
```

2. 停止 MySQL 数据库

个人用户使用完 MySQL 数据库，可以及时停止它，避免占用大量的运行空间并造成电脑卡顿。如果是公司使用，不建议停止数据库。停止 MySQL 数据库的方法如下。

(1) 使用 MySQL 服务。如果 MySQL 已经安装为服务，可以按照以下步骤停止 MySQL。

① 打开"服务"窗口。可以通过按下键盘上的 Win+R 键，输入"services.msc"并按下 Enter 键来打开该窗口。

② 找到 MySQL 服务。在服务窗口中，找到 MySQL 服务并双击它。

③ 停止 MySQL 服务。在 MySQL 服务属性窗口中，单击"停止"按钮来停止 MySQL 服务。

(2) 使用命令行。在 Windows 中，使用命令行停止 MySQL 服务器，步骤如下。

① 打开命令行窗口。可以按下 Win+R 键，并使用快捷键 Ctrl+Shift+Enter 使用管理员身份打开命令行窗口。

② 在命令行窗口输入"net stop MySQL 名称"命令以停止 MySQL 服务：MySQL 8.0 默认的名称为 MySQL80(不区分大小写)，例如：

```
net stop mysql80
```

1.3.3　连接 MySQL 数据库

在连接数据库之前，确保数据库已启动。在 Windows 操作系统上连接 MySQL 数据库，可以使用多种工具，包括 MySQL Workbench、Navicat、HeidiSQL 等。本节主要介绍 MySQL Workbench 连接和 Navicat 连接。

1. MySQL Workbench 连接

MySQL Workbench 是 MySQL 默认的连接工具，在安装 MySQL 数据库系统时已经安装。如果没有安装就需要先去安装。

(1) 打开 MySQL Workbench 客户端工具进入到首页面，单击左上角的 New Connection 按钮，进入新建连接界面，如图 1-26 和图 1-27 所示。

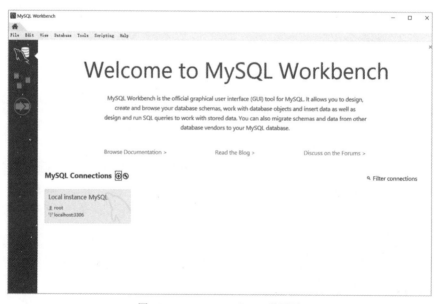

图 1-26　MySQL Workbench 首页面

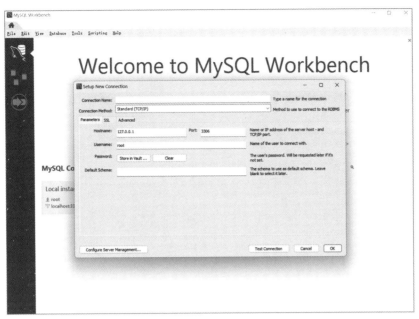

图 1-27　新建连接

　　(2) 在新建连接页面的 Connection Name 输入连接名称，名称可以是自定义的。然后在 Password 后单击 Store in Vault 按钮，保存密码，如图 1-28 和图 1-29 所示。

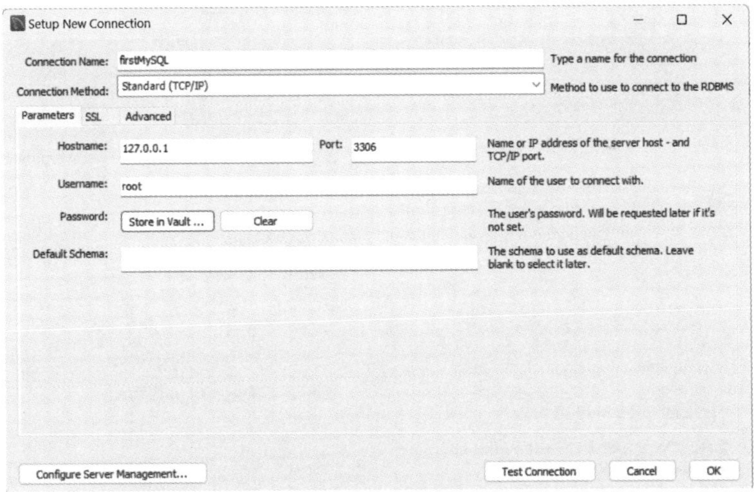

图 1-28　输入连接名称

图 1-29　储存密码

（3）输入正确密码后，单击 OK 按钮，返回到新建连接页面，接着在新建连接页面单击 OK 按钮，此时新建连接页面自动关闭，就成功创建了 MySQL 连接。找到刚建立的连接，单击就能进入 MySQL 数据库，如图 1-30 所示。

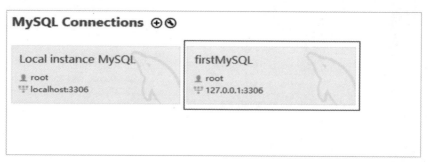

图 1-30　建立连接

2. Navicat 连接

Navicat 是一款功能强大的 MySQL 数据库管理工具，支持 Windows、macOS 和 Linux 等多个平台。它提供了直观易用的图形化界面，可以帮助用户轻松地进行数据库的设计、管理和维护等工作。

（1）下载 Navicat。在 Navicat 官方网站(https://www.navicat.com.cn/products)下载 Navicat 软件。在官网上，可以选择相应的试用版本(如图 1-31 所示)以及操作系统(如图 1-32 所示)，然后单击相应的下载按钮进行下载。

图 1-31　Navicat 版本　　　　　　　　　　　　图 1-32　Navicat 操作系统

（2）安装 Navicat。下载完成后，双击下载的安装文件，进入安装向导界面。按照向导提示，选择安装路径和安装选项，然后单击"安装"按钮开始安装。安装过程可能需要一些时间，请耐心等待。

（3）输入激活码。安装完成后，打开 Navicat 软件，会弹出注册窗口。如果已经购买了 Navicat 软件，可以输入激活码进行激活。如果没有购买，可以选择试用版，也可以选择购买正式版。

（4）新建连接。激活完成后，打开 Navicat 软件，单击左上角的文件按钮→新建连接→MySQL

连接，进入新建连接界面。在新建连接界面中，需要填写连接名、MySQL 服务器的地址、端口号、用户名和密码等信息，然后单击"测试连接"按钮，当出现"连接成功"消息框后，表示连接成功，如图 1-33 所示。

图 1-33　Navicat 新建连接

（5）连接数据库。如果连接测试成功，单击"确定"按钮保存连接。此时，连接就已经建立成功了，可以在 Navicat 中操作 MySQL 数据库了。在 Navicat 中，可以进行数据库设计、管理、备份、恢复、同步、转移等操作。

本章总结

- 数据是对事物和现象的符号化表达，也是数据库的基本元素。
- 信息是对数据加工和处理的结果。
- 数据库和数据库系统可以解决数据的高效存储、管理和检索问题。
- 数据库系统由数据库、数据库管理系统、应用程序和人员组成。数据库管理系统是核心。
- MySQL 数据库经过多年的发展，凭借多种优势已经成为数据库行业的佼佼者。主要优点包括：高性能和可靠性、易于使用和管理、开放源代码和免费、可扩展性和灵活性、多语言支持。
- MySQL 的安装、启动、连接是一个细致的工作，需要大家认真对待。

上机练习

安装、启动和连接 MySQL 数据库

1. 训练技能点

MySQL 数据库的安装、启动、连接操作。

2. 任务描述

成功安装 MySQL 数据库，启动 MySQL 数据库并在数据库中建立第一个连接，连接名 myFirstConnect。

3. 做一做

根据本章提供的安装步骤，在自己的电脑上安装 MySQL 数据库系统，并成功地创建数据库连接。

巩固练习

一、选择题

1. 下列不是关系型数据库特征的是(　　)。
   A. 数据以表格形式存储　　　　B. 表格之间存在关系
   C. 使用 SQL 语言进行操作　　　D. 数据以文件形式存储
2. 下列不是数据库系统组成部分的是(　　)。
   A. 数据库　　　　　　　　　　B. DBMS
   C. 应用程序　　　　　　　　　D. 操作系统
3. 下列不是数据库系统的优点的是(　　)。
   A. 数据共享　　　　　　　　　B. 数据冗余
   C. 数据一致性　　　　　　　　D. 数据安全性
4. MySQL 的数据库类型是(　　)。
   A. 关系型数据库管理系统　　　B. 非关系型数据库管理系统
   C. 层次型数据库管理系统　　　D. 网络型数据库管理系统
5. MySQL 可以运行的操作系统是(　　)。
   A. Windows　　　　　　　　　B. Linux
   C. macOS　　　　　　　　　　D. 所有上述操作系统

二、填空题

1. 安装 MySQL 数据库时需要设置_____、root 用户密码、端口号等信息。
2. MySQL 数据库默认监听的端口号是_____。
3. 启动 MySQL 服务的命令是_____。
4. 连接 MySQL 数据库的命令是_____。

数据库及表的管理 第2章

数据库是一种存储数据的工具，可以有效地管理和利用数据。数据库中的数据结构以表的形式组织，每个表都有特定的字段和数据类型，以便存储数据，并且可以使用各种查询和操作语句来检索和修改数据。数据库管理不仅可以有效地存储数据，还可以进行数据的分析和挖掘，提高数据处理的效率和准确性。在企业中，管理数据库和数据库表可以帮助企业更好地管理自己的业务流程，同时也可以更好地管理客户和市场等重要信息。因此，数据库及数据库表的管理对于任何一家企业而言都具有非常重要的意义。

本章将介绍数据模型、MySQL 数据库的基本操作，以及数据类型和数据库表管理的各种操作和命令。通过本章的学习，读者将能够全面了解数据库的使用方法和管理技巧，并具备基本的数据库设计和优化能力。

学习目标
- 了解数据模型的相关知识
- 掌握常用的数据类型
- 掌握数据库的基本操作
- 掌握数据库表的基本操作
- 掌握常用的约束条件

2.1 数据模型

MySQL 有着广泛的应用场景，从小型网站到大型企业级应用都可以使用 MySQL 进行数据存储和管理。而数据模型作为数据库设计的基础，对于合理的数据库设计和高效的数据存储与查询操作至关重要。

本小节将深入探讨 MySQL 数据库的数据模型，从数据库设计的角度出发，介绍数据模型的概念、作用和相关的设计原则，以及数据库中常用的数据模型类型，包括关系型数据模型、面向对象数据模型、半结构化模型等，解析每种数据模型的优缺点、适用场景。此外，编者还结合实践经验给读者总结出数据模型设计中的一些注意事项，帮助读者更好地在设计数据库时应用数据模型。

2.1.1 数据模型

1. 数据模型的概念

模型是对现实世界的事物特征进行的模拟和抽象，数据模型是指对现实世界的数据特征进行的抽象，同时它也是设计数据库的基础。常用的数据模型又被分为概念模型和基本数据模型。

(1) 概念模型。概念模型是指对现实世界中的实体、属性、关系等进行抽象和概括，形成一种简化的、易于理解的模型，是用户和数据库设计人员交流的语言，同时也是数据建模的第一步，因为它决定了数据模型的基本结构和特征。这类模型最著名的就是实体-关系模型，简称 E-R 模型。

概念模型通常由实体、属性、关系和约束条件组成。

① 实体：实体是指现实世界中独立存在和可辨认的对象和事物，例如人、图书、动物、订单、部门等。实体可以有一个或多个属性，用于描述实体的特征。

② 属性：用于描述实体的各种特征。属性可以是简单属性，也可以是复合属性。例如，人的姓名、年龄、性别等都是人的属性，而人的地址可以是一个复合属性，包括省份、城市、街道等多个属性。

③ 关系：用于描述实体之间的交互和联系。关系可以是一对一、一对多或多对多的关系。例如，客户和订单之间是一对多的关系，一个客户可以有多个订单，而一个订单只能属于一个客户。

④ 约束条件：约束条件是指对实体、属性、关系的限制条件，用于保证数据的完整性和准确性。约束条件可以是实体完整性、参照完整性、域完整性等。例如，一个订单必须有一个客户，客户的姓名必须是唯一的，价格必须大于零等。

(2) 基本数据模型。基本数据模型是指对数据进行描述和管理的基本方式，它包括层次模型、网状模型、关系模型和对象模型等。其中，关系模型是最常用的一种数据模型，它是基于关系描述的数据模型，用于描述实体之间的关系和实体的属性。在关系模型中，数据被组织成表的形式，每个表代表一个实体，每列代表一个属性，而表之间的关系则用外键来表示。关系模型具有结构清晰、易于理解、易于维护等优点，因此被广泛应用于各种数据管理系统中。

2. 数据模型的作用

数据模型不仅仅是一种数据描述的方式，它也是数据管理和应用的基础。良好的数据模型能够提高数据的管理效率和数据应用的质量，使企业的业务流程更加高效、便捷和准确。因此，数据模型的设计和建立是数据管理和应用的重要环节，需要经过详细的分析和设计，以满足实际业务需求。

数据模型的作用主要包括以下四个方面：

(1) 指导数据库设计。通过使用数据模型，可以清楚地了解数据库中需要存储哪些数据、数据之间的关系、如何组织数据以及如何对数据进行约束等信息，从而指导数据库的设计。

(2) 确定数据的结构。数据模型可以帮助确定数据库中每个数据实体的属性、数据之间的关系以及数据的约束条件等，从而确保数据的结构和格式得到统一和规范化。

(3) 提高数据库的可维护性。通过使用数据模型，可以在数据库设计阶段识别出一些潜在的问题，比如数据冗余、数据不一致、数据安全等，从而提高数据库的可维护性和可靠性。

(4) 支持应用程序开发。数据模型可以帮助开发人员更好地理解和使用数据库中的数据，从而提高应用程序的开发效率和可靠性。

3. 数据模型的设计原则

在进行数据模型设计时，需要遵循以下基本原则。

(1) 简洁性原则。尽可能保持数据模型的简洁性和易于理解性，避免不必要的数据冗余和复杂性。

(2) 可扩展性原则。数据模型应该具有良好的可扩展性，能够适应未来的业务需求和数据增长。

(3) 数据正确性原则。数据模型应该能够确保数据的正确性、完整性和一致性，避免出现数据错误和数据不一致的情况。

(4) 性能优化原则。数据模型应该能够支持高效的数据存储、查询和管理操作，从而提高数据库的性能和可用性。

(5) 安全性原则。数据模型应该能够确保数据的安全性和隐私性，避免数据泄露和数据被恶意攻击。

4. 数据模型的三要素

在数据模型中，有三个重要的要素，分别是数据结构、数据操作和条件约束。

(1) 数据结构。数据结构是所研究的对象类型之间的关系和组织方式，是对系统静态特性的描述。

(2) 数据操作。数据操作是指对数据进行增、删、改、查等操作的规则和方式。数据操作包括数据的存储、查询、更新和删除等操作。数据操作需要定义数据操作的方式、限制和约束，以保证数据的完整性和一致性。

(3) 条件约束。条件约束可以确保数据的一致性、完整性和正确性。在数据模型中，条件约束包括以下三个方面。

① 实体完整性约束(entity integrity constraint)。实体完整性约束是指对数据库表中每条记录的唯一性进行限制，确保表中每行数据都是唯一的、不重复的。常见的实体完整性约束包括主键和唯一约束。

② 参照完整性约束(referential integrity constraint)。参照完整性约束是指在一个表中的某个列指向另一个表中的某个列时，保证引用表中的数据和操作是有效和正确的。参照完整性约束是一种约束机制，其目的是确保数据的有效性和正确性。在 MySQL 数据库中，参照完整性约束是通过外键来实现的。

③ 域完整性约束(domain integrity constraint)。域完整性约束用于保证数据表中每个属性的数据类型、取值范围和格式都符合规定。域完整性约束可以通过定义属性的数据类型、长度、格式、约束条件等方式来实现。常见的域完整性约束包括非空约束、检查约束等。

5. 数据模型类型解析

关系型数据模型是最常见的一种数据模型，它使用表来表示数据，每个表包含多个行和列，每个列对应一个数据字段。关系型模型中的表之间通过主键和外键关联起来，形成关系，从而组成了复杂的数据结构。关系型模型的主要优点在于它具有较好的描述一致性和数据完整性，能够进行复杂的数据查询和分析，支持事务处理和多用户并发访问。关系型模型是由若干个关系模式(也称为表)组成的集合。关系是一个实例，也是一个表。然而，关系型模型也存在一些缺点，如数据规模扩展性差、数据结构刚性、查询性能受限等。

面向对象数据模型是另一种常见的数据模型，它使用类和对象来表示数据，每个对象包含多个属性和方法。面向对象模型中的对象之间通过继承、组合和关联等关系来建立联系，从而形成数据结构。面向对象模型的主要优点在于它具有良好的数据封装性、继承性和多态性，能够适应复杂的业务场景和数据结构。然而，面向对象模型也存在一些缺点，如数据存储效率低、数据访问方式复杂、数据一致性难以维护等。

半结构化数据模型是一种特殊的数据模型，它不需要严格的数据结构定义，可以存储非结构化数据和半结构化数据，如 XML、JSON 等。半结构化数据模型的主要优点在于它能够存储大量的非结构化数据和半结构化数据，能够灵活地处理数据结构的变化。然而，半结构化数据模型也存在一些缺点，如数据查询效率低、数据一致性难以维护等。

2.1.2 关系类型及注意事项

1. 关系类型

在使用关系数据模型设计数据库时，为了更好地描述不同表之间的关系，定义了三种关系类型，包括了基本关系、查询表、视图表。

(1) 基本关系。基本关系是指实体之间的联系和约束条件，是数据库设计的重要组成部分。基本关系分为一对一、一对多和多对多三种类型。

一对一关系是指一个实体只能与另一个实体建立一一对应的关系。在数据库设计中，一对一关系通常是通过在两个表中各添加一个外键字段来实现的。其中，外键字段指向与之关联的另一个表中的主键字段。在确定添加关联字段时，需要确保在两个表中只有一个外键字段与另一个表中的主键字段建立了关系。

一对多关系是指一个实体可以与多个其他实体建立关系，而这些实体只能与该实体建立一个关系。在数据库设计中，一对多关系通常是通过在"一"方表中添加一个主键字段来实现，在"多"方表中添加一个外键字段来指向"一"方表中的主键字段。在确定添加关联字段时，需要确保"多"方表中的外键字段与"一"方表中的对应主键字段建立了关系。

多对多关系是指多个实体之间可以相互建立关系。在数据库中，多对多关系通常需要使用一个中间表来实现。这个中间表包含两个外键字段，分别指向需要建立关系的两个表中的主键字段。在确定添加关联字段时，需要确保中间表中的两个外键字段分别与对应两个表中的主键字段建立了关系。

(2) 查询表。查询表是一种虚拟表，不存储实际数据。它是通过执行一个查询语句从一个或多个基本表中选择、过滤、计算和排序数据生成的结果集。查询表通常用于快速生成需要的数据集，过滤和排序数据等，提高查询效率，方便查询。

(3) 视图表。视图表是一种特殊的查询表，也不存储实际数据。而是根据一个或多个基本表上的查询语句生成结果集。它可以看作对基本表的一个逻辑上的抽象，通常用于简化数据访问、提高查询效率，对数据进行过滤，隐藏数据细节，提高数据安全性。

　　在数据模型设计中，基本关系、查询表和视图表是数据模型中的重要组成部分，它们共同构成了数据库中数据的组织和访问方式。正确使用和设计关系类型，可以有效地提高数据库的性能和数据的可靠性，为数据库应用提供良好的数据管理和访问支持。

2. 设计注意事项

MySQL 数据模型设计是一个重大的关键过程，它直接影响数据库的性能、可维护性和可扩展性。以下是一些需要注意的事项。

　　(1) 数据库表的命名规范。表的命名应该具有明确的含义和规范的命名格式，以便于理解和维护。通常采用下划线命名法。避免使用特殊字符或关键字。

　　(2) 数据库表的主键选择。主键是每条记录的唯一标识符。通常选择自增主键或者业务相关的自然主键，同时应该注意主键的数据类型，应该选择长度适当且效率高的数据类型。

　　(3) 数据库表的字段选择。表的字段应该选择必要的字段，避免冗余和重复的数据，同时也要注意字段的数据类型选择和长度设置，以充分利用数据库的存储资源。

　　(4) 数据库表的关系设计。不同表之间的关系应该明确，并根据业务需求建立外键关系，以确保数据的一致性和完整性。

　　数据模型是数据库设计的基础，它可以帮助理解数据之间的关系、如何组织数据以及如何对数据进行约束，从而实现高效的数据存储、查询和管理。

2.2　数据库的基本操作

　　MySQL 拥有丰富的管理工具和操作命令，开发人员可以使用这些工具和命令来进行数据库的创建、删除和查看等操作。

　　本小节将详细介绍如何使用 SQL 语言来创建、删除和查看数据库，包括设置数据库的字符集、排序规则。通过本小节的学习，读者可以掌握 MySQL 数据库的创建、查看、删除等基本操作，并了解到一些 SQL 命令，从而能够更加自如地进行 MySQL 数据库的管理和操作，提高开发效率和应用安全性。

2.2.1　创建数据库

　　创建数据库是在系统磁盘上划分一块区域用于数据的存储和管理，如果管理员在设置权限的时候为用户创建了数据库，则可以直接使用该数据库，否则，需要开发人员创建数据库。创建数据库之前首先要确保开启了 MySQL 服务。下面开始创建第一个数据库，名称为 school_db。

　　(1) 打开命令行窗口或者打开连接工具，连接数据库。

　　(2) 连接成功后使用 SQL 语句创建数据库，语法如下：

```
CREATE DATABASE 数据库名称 [CHARACTER SET 字符集 COLLATE 排序规则];
```

　　在数据库中，字符集指的是可以被存储和处理的一组字符的集合，以及这些字符的编码方式。字符集是将数据存储在数据库中时的重要组成部分，因为如果字符集不匹配，数据存储和查询可能会出现问题。排序规则用于比较和排序字符串，它决定了两个字符串是否相等以及它们的顺序。数据库排序规则通常和字符集相关，因为不同的字符集具有不同的字母顺序或排序方式。MySQL 支持多种字符集和排序规则，常用的字符集和排序规则如表 2-1 所示。

表 2-1 常用的字符集和排序规则

字符集	说明	排序规则
utf8mb4	这是 MySQL 最常用的字符集之一，它支持全球范围内的字符集，包括 Emoji 表情符号。在 MySQL 8 之前，utf8 是 MySQL 默认的字符集，但由于其不能支持 Emoji 等特定符号，因此 MySQL 8 开始改为默认使用 utf8mb4 字符集	utf8mb4_general_ci(不区分大小写)、utf8mb4_unicode_ci(基于 Unicode 字符集)、utf8mb4_bin(基于二进制数据)
utf16	适用于双字节字符，例如中文和日文	utf16_general_ci(不区分大小写)
latin1	支持欧洲语言字符集，但不支持亚洲语言字符集	latin1_swedish_ci(不区分大小写)

【例 2-1】创建一个名为 school_db 的数据库，并将字符集设置为 utf8mb4，排序规则设置为 utf8mb4_unicode_ci。

SQL 语句如下：

```
mysql> CREATE DATABASE school_db CHARACTER SET utf8mb4 COLLATE utf8mb4_unicode_ci;
Query OK, 1 row affected (0.01 sec)
```

2.2.2 修改数据库

要修改一个数据库，可以使用 ALTER DATABASE 命令。语法如下：

```
ALTER DATABASE 数据库名称 [CHARACTER SET 字符集名称 COLLATE 排序规则];
```

【例 2-2】将 school_db 数据库的字符集修改为 utf16 并将其排序规则改为 utf16_general_ci。
SQL 语句如下：

```
mysql> ALTER DATABASE school_db CHARACTER SET utf16 COLLATE utf16_general_ci;
Query OK, 1 row affected (0.01 sec)
```

需要注意的是，数据库名称不可修改。如果修改数据库的字符集和排序规则会影响到该数据库中所有已存在的表和数据，可能会导致数据的不兼容和损坏，应当谨慎操作。

2.2.3 查看数据库

在 MySQL 数据库中可以使用 SHOW DATABASES 命令查看数据库。
【例 2-3】查看学校数据库 school_db。
SQL 语句如下：

```
mysql> SHOW DATABASES;
+--------------------+
| Database           |
+--------------------+
| information_schema |
| mysql              |
| performance_schema |
| sakila             |
| school_db          |
```

```
| sys                 |
| world               |
+--------------------+
7 rows in set (0.01 sec)
```

提示 >>> 请注意，如果再次创建一个已经存在的同名数据库，通常会提示错误信息，因为数据库中的名称必须是唯一的。

2.2.4 使用数据库

在进行数据库访问和操作时，首先要确保正在使用的是正确的数据库。要查看当前正在使用的数据库，可以使用 SELECT DATABASE 命令。

【例 2-4】查看当前正在使用的数据库。

SQL 语句如下：

```
mysql> SELECT DATABASE();
+------------+
| database() |
+------------+
| school_db  |
+------------+
1 row in set (0.00 sec)
```

此命令会返回当前数据库的名称。

要切换数据库时，可以使用 USE 命令，语法如下：

```
USE 数据库名;
```

【例 2-5】切换到 school_db 数据库。

SQL 命令如下：

```
mysql> USE school_db;
DataBase changed
```

切换成功后，所有的操作都是在新的数据库中执行的。

2.2.5 删除数据库

在 MySQL 中删除一个数据库可以使用 DROP DATABASE 命令。

【例 2-6】删除名为 school_db 的数据库。

SQL 语句如下：

```
mysql> DROP DATABASE school_db;
Query OK, 0 rows affected (0.03 sec)
```

提示 >>> 请注意，通过 DROP DATABASE 命令删除数据库时，其中的所有表、数据和其他对象都将被删除，因此请谨慎执行此操作。

2.3 MySQL 数据类型

数据类型是指数据在计算机中存储的格式和类型。MySQL 数据库支持多种数据类型，包括数字、日期和字符串等。每种数据类型都有自己的取值范围，正确的数据类型选择以及取值参数设置可以提高数据库的性能、减少存储空间、保证数据的完整性和正确性。

本小节将介绍 MySQL 中常用的数据类型，包括数值型、日期与时间型、字符串型、枚举型等，以及如何为数据库表中的列选择合适的数据类型。

2.3.1 数值类型

MySQL 支持多种整数、浮点数以及特殊的数值类型，整数型：TINYINT、SMALLINT、MEDIUMINT、INT、BIGINT。浮点型：FLOAT、DOUBLE。定点型：DECIMAL。特殊数值：BIT。其中，整数类型可以用于存储整数值，而定点类型可以用于存储小数值。特殊的数值类型如 BIT 则用于存储位字段。

常用数值型数据类型的含义如表 2-2 所示。

表 2-2 数值类型含义及取值范围

数据类型	含义
TINYINT(p)	占用 1 个字节，有符号的范围是-2^7 到 2^7-1[-128~127]，无符号的范围是从 0 到 255 的整型数据
SMALLINT(p)	占用 2 个字节，有符号的范围是-2^15 到 2^15-1[-32 768~32 737]的整型数据，无符号的范围是 0 到 65 535
MEDIUMINT(p)	占用 3 个字节，有符号的范围是-2^23 到 2^23-1[-8 388 608~8 388 607]，无符号的范围是 0 到 16 777 215
INT(p)	占用 4 个字节，有符号的范围是-2^31 到 2^31-1 [-2 147 483 648~2 147 483 647]的整型数据，无符号的范围是 0 到 4 294 967 295
BIGINT(p)	占用 8 个字节，从 -2^63 到 2^63-1[-9 223 372 036 854 775 808~9 223 372 036 854 775 807]的整型数据，无符号的范围是 0 到 18 446 744 073 709 551 615。

取值范围如果加了 unsigned，则最大值翻倍，如 tinyint unsigned 的取值范围为(0~256)。

整数类型是定长的，其容量不会随着 p 变化而变化。INT(4)和 INT(8)都是占用 4 个字节。整数型后面的 p 是表示数据在显示时显示的最小长度。"最小长度"是在有填充字符的基础上的显示效果，如果没有字符填充，则 p 是没有任何意义的。例如 INT(4) zerofill (表示用 0 填充)，你插入 1 时，会显示 0001。

浮点型数据类型的含义如表 2-3 所示。

表 2-3 浮点型数据类型的含义

数据类型	含义		
FLOAT(m, d)	单精度浮点型	8 位精度(4 字节)	m 总个数，d 小数位
DOUBLE(m, d)	双精度浮点型	16 位精度(8 字节)	m 总个数，d 小数位

浮点型在数据库中存储的是近似值，不能用于金额等要求精确数值表达的字段。

定点型数据类型的含义如表 2-4 所示。

表2-4　定点型数据类型的含义

数据类型	含义
DECIMAL(m, d)	定点型　　占用 9 字节　　　　m 总个数且 m<65，d 小数位 d<30 且 d<m

定点类型在数据库中存放的是精确值。

2.3.2　字符串类型

MySQL 支持多种字符串类型，包括 CHAR、VARCHAR、TEXT、BLOB 等。其中，CHAR 用于存储不可变长度的字符串，VARCHAR 用于存储可变长度的字符串。而 TEXT 和 BLOB 类型用于存储大文本和二进制数据。

常用字符串型数据类型的含义和取值范围如表 2-5 所示。

表2-5　字符串类型的含义

数据类型	含义
CHAR(n)	用于存储固定长度的字符串，占用一定的字节。n 表示存储的字符数，范围是 0~255，默认值为 1。存入字符数小于 n，则以空格补于其后，查询之时再将空格去掉。所以 CHAR 类型存储的字符串末尾不能有空格，VARCHAR 不限于此
VARCHAR(n)	用于存储可变长度的字符串，占用一定的字节。n 表示存储的字符数的最大值，范围是 0~65 535，默认长度是 1。对于实际存储长度小于设置长度的情况，VARCHAR 类型的字段只占用实际存储长度加上一至两个字节的存储空间

2.3.3　日期与时间类型

MySQL 支持多种日期和时间类型，包括 DATE、TIME、DATETIME、TIMESTAMP 等。其中，DATE 类型用于存储日期值，格式为 YYYY-MM-DD；TIME 类型用于存储时间值，格式为 HH:MM:SS；DATETIME、TIMESTAMP 类型用于存储日期和时间值，格式为 YYYY-MM-DD HH:MM:SS。与 DATETIME 类型不同的是，TIMESTAMP 类型可以在插入或更新行时自动将其值设为当前日期和时间。此外，TIMESTAMP 在存储时将值转换为 UTC 时间，读取时再转换为当前时区的时间。使用 DATETIME 数据类型时需要注意时区的问题，需要根据实际应用场景设置正确的时区。日期与时间数据类型的含义和取值范围如表 2-6 所示。

表2-6　日期与时间数据类型的含义

数据类型	含义
DATE	存储日期值，格式为 YYYY-MM-DD，范围为 1000-01-01 到 9999-12-31
DATETIME	存储日期和时间值，格式为 YYYY-MM-DD HH:MM:SS，范围为 1000-01-01 00:00:00 到 9999-12-31 23:59:59
TIMESTAMP	存储日期和时间值，格式为 YYYY-MM-DD HH:MM:SS，范围为 1970-01-01 00:00:01 到 2038-01-19 03:14:07
TIME	存储时间值，格式为 HH:MM:SS，范围为-838:59:59 到 838:59:59
YEAR	存储年份值，格式为 YYYY 或 YY，范围是 1901 到 2155(YYYY 格式)和 70 到 69(YY 格式)

2.3.4 枚举类型

MySQL 支持枚举(ENUM)类型，用于定义一个固定的值集合，该值集合中的每个元素都有一个唯一的名称。ENUM 类型可以存储最多 65 535 个不同的值。语法如下：

```
ENUM('value1', 'value2', 'value3', ...)
```

当向 ENUM 类型的列中插入一个值时，该值必须是值集合中的一个。

2.3.5 集合类型

MySQL 支持集合(SET)类型，用于存储一组预定义的字符串值。SET 类型可以存储最多 64 个不同的值。语法如下：

```
SET('value1', 'value2', 'value3', ...)
```

当向 SET 类型的列中插入一个值时，该值必须是集合中的一个或多个值。如果为多个值，多个值之间使用逗号分隔。

2.4 数据库表的基本操作

在 MySQL 数据库中，表是一种用来存储和组织数据的结构。表通常由行和列组成，每一行代表一个数据记录，每一列则代表该记录中的一个属性。表的设计和管理是数据库管理的重要部分，它可以直接影响到数据的存储效率、数据的查询速度和用户对数据的使用体验。表的操作包括创建、修改和删除表，以及对表中字段的属性进行修改。创建表时需要指定表名和每个列的名称、数据类型和属性。修改表结构包括增加新列、删除已有列、修改列属性等操作。删除表将会删除整个表和其中的数据。

本小节将介绍 MySQL 中对于表的基本操作，包括创建表结构、查看表结构、删除表结构、修改表结构。通过本小节的学习，希望读者对表的管理有更好的理解。

2.4.1 创建表结构

建表前需确定表名、列名或字段、数据类型、主键和外键等参数。表名应该标识数据所代表的实体，列名或字段标识所代表实体的属性，数据类型则要根据实际情况进行选择。主键和外键通常用于数据关联和表之间的连接。语法如下：

```
CREATE TABLE 表名(
    列名1 数据类型(数字参数) [约束条件],
    列名2 数据类型(数字参数) [约束条件],
    列名3 数据类型(数字参数) [约束条件],
    ...
    列名n/字段n 数据类型(数字参数) [约束条件]
);
```

读者可以根据需要添加任意数量的列或字段。每列可以设置 0 个及以上约束条件。

例如，在数据库 school_db 中创建学生表 t_student，表结构如表 2-7 所示。

表 2-7 学生表 t_student 结构

属性	数据类型	描述
id	INT	唯一标识符，主键，自增
name	VARCHAR(10)	姓名
gender	ENUM	性别
birthday	DATE	出生日期
age	INT	年龄
classID	INT	外键，关联班级表
begin_year	YEAR	入学年份

确定表结构后，在创建数据表前需要先将当前的数据库切换到数据库 school_db 下，才能将需要建立的表创建在数据库 school_db 下。

【例 2-7】创建学生表，表名为 t_student。

SQL 语句如下：

```
mysql> USE school_db;
Database changed
mysql> CREATE TABLE t_student(
  id INT,
  name VARCHAR(10),
  gender ENUM('男','女'),
  age INT,
  birthday DATE,
  classID INT,
  begin_year YEAR
);
Query OK, 0 rows affected;
```

2.4.2 查看表结构

创建数据库之后，可以通过 DESCRIBE 命令或者 SHOW COLUMNS 命令查看表结构。这两个语句都将返回与指定表相关的列信息，包括列名、数据类型、是否为空、键类型等。

DESCRIBE 命令语法如下：

```
DESCRIBE 表名;
```

【例 2-8】使用 DESCRIBE 命令查看学生表 t_student 的结构。

SQL 语句如下：

```
mysql> DESCRIBE t_student;
+------------+------------+------+-----+---------+-------+
| Field      | Type       | Null | Key | Default | Extra |
+------------+------------+------+-----+---------+-------+
```

```
| id         | char(4)    | YES  |      | NULL  |       |
| name       | varchar(10)| YES  |      | NULL  |       |
| gender     | varchar(2) | YES  |      | NULL  |       |
| age        | int        | YES  |      | NULL  |       |
| birthday   | date       | YES  |      | NULL  |       |
| classID    | int        | YES  |      | NULL  |       |
| begin_year | year       | YES  |      | NULL  |       |
+------------+------------+------+------+--------+-------+
7 rows in set (0.00 sec)
```

SHOW COLUMNS 命令语法如下：

```
SHOW COLUMNS FROM 表名;
```

【例 2-9】使用 SHOW COLUMNS 命令查看学生表 t_student 的结构。
SQL 语句如下：

```
mysql> SHOW COLUMNS FROM t_student;
+------------+---------------+------+-----+---------+-------+
| Field      | Type          | Null | Key | Default | Extra |
+------------+---------------+------+-----+---------+-------+
| id         | char(4)       | YES  |     | NULL    |       |
| name       | varchar(10)   | YES  |     | NULL    |       |
| gender     | varchar(2)    | YES  |     | NULL    |       |
| age        | int           | YES  |     | NULL    |       |
| birthday   | date          | YES  |     | NULL    |       |
| classID    | int           | YES  |     | NULL    |       |
| begin_year | year          | YES  |     | NULL    |       |
+------------+---------------+------+-----+---------+-------+
7 rows in set (0.00 sec)
```

2.4.3 修改表结构

在使用 MySQL 数据库时，随着学习的深入或者在工作中随着项目的迭代，业务的调整，难免会需要修改已有表的结构，其中就包括添加、删除、重命名和修改列等操作。可以通过 ALTER TABLE 语句来修改表结构。

1. 添加列

添加列的语法结构如下所示：

```
ALTER TABLE 表名 ADD [COLUMN] 列名 数据类型 [条件约束];
```

ADD 关键字表明是添加操作。COLUMN 关键字是指 MySQL 数据库当中的列，列名是唯一的。
【例 2-10】修改学生表 t_student，添加手机号码。
SQL 语句如下：

```
mysql> ALTER TABLE t_student ADD COLUMN phone VARCHAR(11);
Query OK, 0 rows affected (0.01 sec)
Records: 0  Duplicates: 0  Warnings: 0
```

2. 删除列

删除列的语法结构如下所示：

```
ALTER TABLE 表名 DROP [COLUMN] 列名;
```

DROP 关键字表明是删除操作。

【例 2-11】删除学生表 t_student 的 phone 列。

SQL 语句如下：

```
mysql> ALTER TABLE t_student DROP COLUMN phone;
Query OK, 0 rows affected (0.01 sec)
Records: 0  Duplicates: 0  Warnings: 0
```

3. 修改列

修改列的语法结构如下所示：

```
ALTER TABLE 表名 MODIFY [COLUMN] 列名 数据类型 [条件约束];
```

【例 2-12】修改学生表 t_student，把 name 列的数据类型设置为 CHAR(3)。

SQL 语句如下：

```
mysql> ALTER TABLE t_student MODIFY COLUMN name CHAR(3);
Query OK, 0 rows affected (0.02 sec)
Records: 0  Duplicates: 0  Warnings: 0
```

2.4.4 删除表结构

在 MySQL 中删除表可以使用 DROP TABLE 语句，语法如下：

```
DROP TABLE [IF EXISTS] 表名;
```

如果指定了 IF EXISTS，则表不存在时也不会报错，直接返回成功。使用 DROP TABLE 删除表时，表数据和表结构都会被删除，因此执行此操作时一定要慎重。如果表中有外键约束，则删除可能会失败。

【例 2-13】删除班级表 t_class。

SQL 语句如下：

```
mysql> DROP TABLE IF EXISTS t_class;
Query OK, 0 rows affected (0.01 sec)
```

此 SQL 语句表示，如果存在 t_class 数据库表则执行删除操作，如果没有则不执行操作。

2.5 条件约束

条件约束是保证数据库数据完整性和一致性的重要机制之一，是开发人员在设计数据表时的重要考虑因素。从结构化数据的角度来看，条件约束指的是对表中数据进行的条件限制，这些限制可以是列限制、行限制和表限制等，保证数据库存储的数据唯一、完整和一致，从而避免数据错误和重复。在实际应用中，MySQL 约束的应用范围极为广泛，从最基本的非空约束，到主键、外键、唯一约束等，都能在数据库设计中发挥重要作用。

本小节将介绍 MySQL 中的条件约束，以及它们在数据表中的应用。同时也将详细讲解每种约束的语法和用途，并给出实例代码以帮助读者更好地理解它们。

2.5.1 主键约束

主键约束的作用是保证表中某些属性的唯一性，作为表的唯一标识符。每个表中只有一个主键，可以通过使用 PRIMARY KEY 关键字来设置主键约束。此外，主键还可以用于确定两个表之间的关系。

1. 创建表

执行创建表操作时添加主键约束，语法如下：

```
CREATE TABLE 表名 (
    列名1 数据类型 [约束条件],
    列名2 数据类型 [约束条件],
    ...
    [CONSTRAINT 主键名] PRIMARY KEY (列名1/字段1)
);
```

【例2-14】创建学生表 t_student 时，设置 id 列为主键。
SQL 语句如下：

```
mysql> CREATE TABLE t_student (
    id INT(4) ,
    name VARCHAR(5),
    CONSTRAINT student_id PRIMARY KEY (id)
);
Query OK, 0 rows affected, 1 warning (0.02 sec)
Records: 0  Duplicates: 0  Warnings: 1
```

2. 修改表

执行修改表操作时添加主键约束，语法如下：

```
ALTER TABLE 表名 ADD [CONSTRAINT 约束名] PRIMARY KEY(列名);
```

【例2-15】修改学生表 t_student，设置 id 列为主键。
SQL 语句如下：

```
mysql> ALTER TABLE t_student ADD CONSTRAINT student_id PRIMARY KEY(id);
Query OK, 0 rows affected (0.02 sec)
Records: 0  Duplicates: 0  Warnings: 0
```

执行修改表操作时删除主键约束，语法如下：

```
ALTER TABLE 表名 DROP PRIMARY KEY;
```

【例2-16】修改学生表 t_student，删除主键。
SQL 语句如下：

```
mysql> ALTER TABLE t_student DROP PRIMARY KEY;
```

```
Query OK, 0 rows affected, 1 warning (0.02 sec)
Records: 0  Duplicates: 0  Warnings: 1
```

某列设置了主键约束后，此列的值不能重复。当试图插入或更新重复的主键值时，MySQL 无法判断应该对哪一行数据进行操作，因此会拒绝这一操作并返回 Duplicate entry 'XXX' for key 'PRIMARY'错误信息。

2.5.2 唯一约束

唯一约束可确保在特定列(或行)上的数据值是唯一的,这为处理和检索数据提供了便利和效率。唯一约束使用 UNIQUE 关键字来指定要求唯一性的列。

1. 创建表并添加唯一约束

执行创建表操作时添加唯一约束，语法如下：

(1) 为单列设置唯一约束，语法如下：

```
CREATE TABLE 表名(
  列名 1 数据类型 UNIQUE,
  列名 2 数据类型,
  ...
);
```

(2) 同时为多列设置唯一约束，语法如下：

```
CREATE TABLE 表名(
  列名 1 数据类型,
  列名 2 数据类型,
  ...
  UNIQUE(列名 1, 列名 2)
);
```

【例 2-17】创建学生表 t_student，为 name 字段添加唯一约束。

SQL 语句如下：

```
mysql> CREATE TABLE t_student (
  id INT(4) NOT NULL,
  name VARCHAR(10) NOT NULL UNIQUE
);
Query OK, 0 rows affected (0.02 sec)
Records: 0  Duplicates: 0  Warnings: 0
```

2. 修改表并添加唯一约束

执行修改表操作时添加唯一约束，语法如下：

```
ALTER TABLE 表名 ADD [CONSTRAINT 约束名] UNIQUE (列名);
```

【例 2-18】修改学生表 t_student，为 name 添加唯一约束。

SQL 语句如下：

```
mysql> ALTER TABLE t_student ADD CONSTRAINT t_student_name_unique UNIQUE (name);
Query OK, 0 rows affected (0.01 sec)
```

```
Records: 0  Duplicates: 0  Warnings: 0
```

执行修改表操作时删除唯一约束，语法如下：

```
ALTER TABLE 表名 DROP INDEX 约束名;
```

【例 2-19】修改学生表 t_student，删除 name 的唯一约束。

SQL 语句如下：

```
mysql> ALTER TABLE t_student DROP INDEX t_student_name_unique;
Query OK, 0 rows affected (0.01 sec)
Records: 0  Duplicates: 0  Warnings: 0
```

唯一约束可以给多列设置，用于确保某一列或多列的取值不能重复，类似于主键约束。因此，当试图插入或更新重复的唯一值时，MySQL 无法判断应该对哪一行数据进行操作，因此会拒绝这一操作并返回错误 Duplicate entry 'XXX' for key 'YYY'信息。

2.5.3　外键约束

外键约束是一种可以确保表之间关联完整性的约束。它基于一对表之间的关系，其中一个表包含一个字段，该字段引用了另一个表的主键，这个被引用的主键称为外键。

以公共关键字作为主键的表称为主键表(也叫父表，主表)，以公共关键字作为外键的表为外键表(也叫从表，外表)。

使用外键约束可以确保关联表的一致性。当试图插入或更新行时，外键约束可以阻止不符合关联表之间定义的规则的操作。如果尝试删除一个主表记录，外键约束可以阻止该操作，除非主表记录不再被任何从表记录所引用。MySQL 中通过 FOREIGN KEY 关键字定义外键约束。

1. 创建表并添加外键约束

执行创建表操作时添加外键约束，语法如下：

```
CREATE TABLE 表名 (
    列名 1/字段 1 数据类型 [约束条件],
    列名 2/字段 2 数据类型 [约束条件],
    [CONSTRAINT 外键名] FOREIGN KEY (列名) REFERENCES [关联表名](关联列名)
);
```

【例 2-20】创建两个表，表名分别为 my_table 和 other_table。其中表 other_table 中的 foreign_id 列作为外键，关联了表 my_table 中的 id 列。

SQL 语句如下：

```
mysql> CREATE TABLE my_table (
    id INT PRIMARY KEY,
    name VARCHAR(50)
);
Query OK, 0 rows affected (0.02 sec)
Records: 0  Duplicates: 0  Warnings: 0
mysql> CREATE TABLE other_table (
id INT PRIMARY KEY,
foreign_id INT,
```

```
CONSTRAINT mytable_id_foreign_id FOREIGN KEY (foreign_id) REFERENCES my_table(id)
);
Query OK, 0 rows affected (0.02 sec)
Records: 0  Duplicates: 0  Warnings: 0
```

在插入数据时，MySQL 会检查 foreign_id 列是否在 my_table 表中存在，并在必要时拒绝插入操作。

2. 修改表时添加外键约束

执行修改表操作时添加外键约束，语法如下：

```
ALTER TABLE 表名 ADD [CONSTRAINT 外键名] FOREIGN KEY (列名) REFERENCES 关联表名(关联
列名) ON DELETE [操作类型] ON UPDATE [操作类型];
```

CONSTRAINT 是声明名称关键字，FOREIGN KEY 表明外键约束的列名，列名必须存在，如果不存在则创建失败。REFERENCES 表明关联表的列名。ON DELETE [操作类型] 用于声明外键时指定关联对象被删除时的操作类型。ON UPDATE [操作类型] 用于声明外键时指定关联对象被更新时的操作类型。MySQL 支持的操作类型如表 2-8 所示。

表2-8　MySQL 支持的操作类型

操作类型	删除	更新
RESTRICT、NO ACTION	从表的关联记录不存在时，主表记录才可以被删除。删除从表，主表不变	从表的依赖记录不存在时，主表记录才可以更新。更新从表，主表不变
CASCADE	删除主表记录时自动删除从表关联记录。删除从表记录时，主表不变	更新主表记录时自动更新从表关联记录。更新从表，主表不变
SET NULL	删除主表记录时，自动更新从表为 NULL。删除从表，主表不变	更新主表记录时，自动更新从表值为 NULL。更新从表，主表不变

需要注意的是，在添加外键时，主表必须已经存在，并且被关联的主表列必须是该表的主键或者是唯一键。

【例 2-21】班级和学生存在一对多的关系，因此可以通过外键把两个表的关系描述出来。修改学生表，并为其添加外键。

SQL 语句如下：

```
-- 创建班级表
mysql> CREATE TABLE t_class(
    id CHAR(4) NOT NULL PRIMARY KEY,
    class_name VARCHAR(10)
);
    mysql> ALTER TABLE t_student ADD CONSTRAINT class_student_foreign_id FOREIGN KEY
(classID) REFERENCES t_class(id) ON DELETE RESTRICT ON UPDATE SET NULL;
    Query OK, 0 rows affected (0.02 sec)
    Records: 0  Duplicates: 0  Warnings: 0
```

执行修改表操作时删除主键约束，语法如下：

```
ALTER TABLE [表名] DROP FOREIGN KEY(外键名);
```

【例 2-22】修改学生表 t_student，删除外键。

SQL 语句如下：

```
mysql> ALTER TABLE t_student DROP FOREIGN KEY(class_student_foreign_id);
Query OK, 0 rows affected (0.02 sec)
Records: 0  Duplicates: 0  Warnings: 0
```

注意删除外键前，可以通过 SQL 语句查看所有的约束和索引。语法如下：

```
SHOW CREATE TABLE 表名;
```

外键定义在参照表中一列或多列上，以保证被参照表中的每行都至少拥有被引用表中的一行，当违反这一约束时，MySQL 会拒绝操作，并返回 Cannot add or update a child row: a foreign key constraint fails 错误信息。

2.5.4 非空约束

MySQL 中的非空约束是一种限制性的约束条件，它可以确保表中特定列中不包含 NULL 值。通过将非空约束添加到表的列中，数据库管理员可以防止插入或更新表时在列中包含无效的、未定义的、缺失的或无意义的数据。

1. 创建表时添加非空约束

执行创建表操作时添加非空约束，语法如下：

```
CREATE TABLE 表名 (
  列名 数据类型 NOT NULL,
  ...
);
```

【例 2-23】创建学生表，为 id、name 字段添加非空约束。

SQL 语句如下：

```
mysql> CREATE TABLE t_student (
  id INT(4) NOT NULL,
  name VARCHAR(10) NOT NULL
);
Query OK, 0 rows affected, 1 warning (0.01 sec)
```

2. 修改表时添加非空约束

执行修改表操作时添加非空约束，语法如下：

```
ALTER TABLE 表名
MODIFY 列名 数据类型 NOT NULL;
```

【例 2-24】修改学生表 t_student，给 name 列添加非空约束。

SQL 语句如下：

```
mysql> ALTER TABLE t_student
MODIFY name INT(4) NOT NULL;
Query OK, 0 rows affected, 1 warning (0.02 sec)
Records: 0  Duplicates: 0  Warnings: 1
```

执行修改表操作时删除非空约束，语法如下：

```
ALTER TABLE 表名
MODIFY 列名 数据类型;
```

【例 2-25】修改学生表 t_student，删除 name 列的非空约束。
SQL 语句如下：

```
mysql> ALTER TABLE t_student
MODIFY name INT(4);
Query OK, 0 rows affected, 1 warning (0.02 sec)
Records: 0  Duplicates: 0  Warnings: 1
```

如果插入或更新了一个空值，而该列被设置为非空约束(NOT NULL)，那么就会违反该约束。
需要在插入或更新语句中提供一个非空值。

2.5.5　自增约束

自增约束是指在表中某一列的取值可以根据前一行的值自动递增，并保证插入新记录时所填写
的该列值具有唯一性。此约束通常与主键或唯一性约束结合使用，以确保表中的每个记录都包含一
个唯一标识符。当某个非主键列需要自动递增并且作为标识符时，可以将其设为自增约束。在
MySQL 中，可以使用 AUTO_INCREMENT 关键字来定义自增约束，并且该关键字只能与整数类
型的字段一起使用。

1. 创建表时添加自增约束

执行创建表操作时添加自增约束，语法如下：

```
CREATE TABLE 表名 (
  列名 数据类型 AUTO_INCREMENT,
  ...
);
```

【例 2-26】添加学生表 t_student，设置 id 列为自增列。
SQL 语句如下：

```
mysql> CREATE TABLE t_student(
  id int NOT NULL AUTO_INCREMENT PRIMARY KEY,
  age int CHECK (age > 0)
);
Query OK, 0 rows affected (0.01 sec)
Records: 0  Duplicates: 0  Warnings: 0
```

2. 修改表时添加自增约束

执行修改表操作时添加自增约束，语法如下：

```
ALTER TABLE 表名 MODIFY 列名 数据类型 AUTO_INCREMENT;
```

【例 2-27】修改学生表 t_student，设置 id 列为自增长。
SQL 语句如下：

```
mysql> ALTER TABLE t_student MODIFY id INT(4) AUTO_INCREMENT;
Query OK, 0 rows affected (0.01 sec)
Records: 0  Duplicates: 0  Warnings: 0
```

执行修改表操作时删除自增约束，语法如下：

```
ALTER TABLE 表名 MODIFY 列名 数据类型;
```

【例 2-28】修改学生表 t_student，删除 id 列的自增长约束。

SQL 语句如下：

```
mysql> ALTER TABLE t_student MODIFY id INT(4);
Query OK, 0 rows affected (0.01 sec)
Records: 0  Duplicates: 0  Warnings: 0
```

自增约束通常和主键约束一起使用，设置了主键约束又设置了自增约束的字段又被称为自增主键。如果试图重复插入一个具有相同自增值的行，那么将会违反这个约束，MySQL 会拒绝这一操作并返回 Duplicate entry 'XXX' for key 'PRIMARY'错误信息。

2.5.6　检查约束

检查约束指对于某个表中的一个或多个列设置规则，以限制这些列中所包含的数据的取值范围或格式。在 MySQL 中，检查约束使用 CHECK 关键字来定义。通过设置检查约束，可以在数据存储阶段对数据进行验证，避免了后续对数据的复杂清理工作。需要注意的是，CHECK 约束只能应用于 MySQL 8.0.16 及以上版本。

1. 创建表时添加检查约束

执行创建表操作时添加检查约束，语法如下：

```
CREATE TABLE 表名(
  列名1 数据类型 CHECK(约束条件),
  ...
);
```

【例 2-29】创建学生表 t_student 时，设置学生年龄必须大于 0。

SQL 语句如下：

```
mysql> CREATE TABLE t_student(
    id int NOT NULL PRIMARY KEY,
    age int CHECK (age > 0)
);
Query OK, 0 rows affected (0.01 sec)
Records: 0  Duplicates: 0  Warnings: 0
```

2. 修改表时添加检查约束

执行修改操作时添加检查约束，语法如下：

```
ALTER TABLE 表名 ADD [CONSTRAINT 检查约束名] CHECK(检查约束)
```

【例 2-30】修改学生表 t_student，给学生 age 字段添加检查约束，学生年龄(age)大于 0 且小于 100。SQL 语句如下：

```
mysql> ALTER TABLE t_student ADD CONSTRAINT student_age_gt_0_gl_100 CHECK(age>0
AND age<100);
Query OK, 0 rows affected (0.01 sec)
Records: 0  Duplicates: 0  Warnings: 0
```

执行修改表操作时删除检查约束，语法如下：

```
ALTER TABLE 表名 DROP 检查约束名;
```

【例 2-31】修改学生表 t_student，删除年龄(age)的检查约束。

SQL 语句如下：

```
mysql>ALTER TABLE t_student DROP  student_age_gt_0_gl_100;
Query OK, 0 rows affected (0.01 sec)
Records: 0  Duplicates: 0  Warnings: 0
```

MySQL 8.0.16 以前的版本如果违反了检查约束不会报错。在使用 MySQL 8.0.16 及以上版本时，如果在执行插入或者更新操作时违反了检查约束，则会报错。

2.5.7　默认约束

默认约束是在创建表时为列指定默认值的一种约束，它可以保证当插入新记录时，如果未为该列赋值，则该列将自动赋予默认值。默认值可以是一个常量，也可以是一个表达式或函数。表达式是指可以通过运算得到一个数值的组合。函数是指 MySQL 内置函数。如果使用表达式作为默认值，一定要确保表达式的计算结果可以被表示为列的数据类型。可以使用 DEFAULT 关键字进行设置。

1. 创建表时添加默认约束

执行修改表操作时添加默认约束，语法如下：

```
CREATE TABLE 表名(
    列名 1 数据类型 DEFAULT 默认值,
    ...
);
```

【例 2-32】创建学生表时，为学生姓名添加默认值，默认姓名为张三；为入学年份添加默认值，默认入学年份为当前年份。添加创建时间列，数据类型是 TIMESTAMP，默认值是当前时间。

SQL 语句如下：

```
mysql> CREATE TABLE t_student(
    id int NOT NULL AUTO_INCREMENT PRIMARY KEY,
    age int CHECK (age > 0),
    name VARCHAR(10) DEFAULT '张三', #常量默认值
    birthday DATE DEFAULT  (CURDATE()), #函数默认值，CURDATE()获取当前日期
    create_time TIMESTAMP DEFAULT CURRENT_TIMESTAMP
    #表达式默认值，CURRENT_TIMESTAMP 获取日期
);
Query OK, 0 rows affected (0.01 sec)
Records: 0  Duplicates: 0  Warnings: 0
```

注意 »»»　如果使用的是函数或者表达式，则应该用小括号括起来，否则会报错。

2. 修改表时添加默认约束

执行修改表操作时添加默认约束，可以使用以下语法：

ALTER TABLE 表名 ALTER [COLUMN] 列名 SET DEFAULT 默认值;

【例 2-33】修改学生表，将学生表的 name 列的默认值设置为"张三"。
SQL 语句如下：

```
mysql> ALTER TABLE t_student ALTER COLUMN name set DEFAULT '张三';
Query OK, 0 rows affected (0.01 sec)
Records: 0  Duplicates: 0  Warnings: 0
```

执行修改表操作时删除默认约束，语法如下：

ALTER TABLE 表名 ALTER [COLUMN] 列名 DROP DEFAULT;

【例 2-34】修改学生表 t_student，删除 name 列的默认约束。
SQL 语句如下：

```
mysql> ALTER TABLE t_student ALTER COLUMN name DROP DEFAULT;
Query OK, 0 rows affected (0.01 sec)
Records: 0  Duplicates: 0  Warnings: 0
```

如果在插入或更新语句中没有为某个列提供值，并且该列有默认值约束，但是不能使用该默认值约束，则会触发"默认约束名冲突"的错误。错误代码为 1067，错误消息为'column_name' cannot null，其中'column_name'指代违反默认约束的列名。

本章总结

- 模型分为概念模型和基本数据模型，概念模型最为著名的就是 E-R 图，基本数据模型中最常用的就是关系数据模型，MySQL 数据库就是基于关系数据模型建立的。
- 在设计数据库时一定要遵循数据模型的几个注意事项。规范化地设计数据库能更好地管理和操作数据库。
- 数据库的基本操作包括：创建、修改、查看、删除。每一种命令都需要读者熟练掌握，方便以后的工作学习。
- MySQL 数据库支持多种多样的数据类型，经常使用到的有：INT、BIGINT、DECIMAL、VARCHAR、DATETIME。具体使用哪种类型需要考虑数据的实际大小以及访问和存储需求。
- 数据库表结构的基本操作包括：创建表、修改表、删除表。对于表结构的操作，其中有大量的 SQL 语句需要记忆，需要读者熟练掌握。也可使用 Navicat 图形化工具操作。
- 在创建数据库表时，应根据实际情况选择适当的约束类型，以确保数据的完整性和正确性。

上机练习

上机练习一　创建数据库

1. 训练技能点

使用 SQL 创建数据库。

2. 任务描述

使用 SQL 语句创建 school_db 数据库，数据库编码格式设置为 utf8mb4，排序规则设置为 utf8mb4_general_ci。

3. 做一做

根据任务描述进行数据库创建。

上机练习二　新建 t_student 数据库表

1. 训练技能点

使用 SQL 创建数据库表。

2. 任务描述

使用 SQL 语句在 school_db 数据库中添加学生表，表名为 t_student，表结构如表 2-9 所示。

表 2-9　t_student 表结构

属性	数据类型	描述
id	INT	唯一标识符，主键，自增
student_name	VARCHAR(10)	姓名，非空
gender	ENUM	性别，默认值为"男"
birthday	DATE	出生日期，非空
age	INT	年龄，检查约束(age>0 and age<100)
classID	INT	外键，关联班级表
begin_year	YEAR	入学年份

3. 做一做

根据任务描述进行创建数据库表的巩固练习，加深学习印象，检查学习效果，并为下面的学习做准备。

上机练习三　新建 t_class 数据库表

1. 训练技能点

使用 SQL 创建数据库表。

2. 任务描述

使用 SQL 语句在 school_db 数据库中添加班级表　，表名为 t_class，表结构如表 2-10 所示。

表 2-10　t_class 表结构

属性	数据类型	描述
id	INT	主键，唯一标识符，自增
class_name	VARCHAR(10)	班级名称

3. 做一做

根据任务描述进行创建数据库表的巩固练习，加深学习印象，检查学习效果，并为下面的学习做准备。

上机练习四　新建 t_course 数据库表

1. 训练技能点

使用 SQL 创建数据库表。

2. 任务描述

使用 SQL 语句在 school_db 数据库中添加课程表，表名为 t_course，表结构如表 2-11 所示。

表 2-11　t_course 表结构

属性	数据类型	描述
id	INT	主键，唯一标识符，自增
course_name	VARCHAR(15)	课程名称

3. 做一做

根据任务描述进行创建数据库表的巩固练习，加深学习印象，检查学习效果，并为下面的学习做准备。

上机练习五　新建 t_score 数据库表

1. 训练技能点

使用 SQL 创建数据库表。

2. 任务描述

使用 SQL 语句在 school_db 数据库中添加成绩表，表名为 t_score，表结构如表 2-12 所示。

表 2-12　t_score 表结构

属性	数据类型	描述
id	INT	主键，唯一标识符，自增
exam_score	INT	课程分数，检查约束(exam_score>0 and exam_score<=100)
studentID	INT	外键，学生唯一标识符
courseID	INT	外键，课程唯一标识符

3. 做一做

根据任务描述进行创建数据库表的巩固练习，加深学习印象，检查学习效果，并为下面的学习做准备。

巩固练习

一、选择题

1. 在关系型数据库中数据操作语言是(　　)。
　　A. SQL　　　　　　　　　　B. Java
　　C. Python　　　　　　　　　D. C++
2. 用于删除数据表的语句是(　　)。
　　A. VIEW　　　　　　　　　　B. INSERT INTO
　　C. ALTER TABLE　　　　　　D. DROP TABLE
3. MySQL 数据库类型不包括(　　)。
　　A. INT　　　　　　　　　　　B. DATE
　　C. STRING　　　　　　　　　D. SET
4. 在数据库中修改表结构的命令是(　　)。
　　A. ALTER TABLE　　　　　　B. UPDATE TABLE
　　C. MODIFY TABLE　　　　　　D. DELETE TABLE
5. 让列值自动增长的约束是(　　)。
　　A. NOT NULL　　　　　　　　B. UNIQUE
　　C. AUTO_INCREMENT　　　　　D. CHECK

二、填空题

1. 创建 t_student 数据表，使用_____命令。
2. 创建名为 t_student 的数据表，并指定其中包含 id、name、age、phone 四个字段，它们的数据类型分别是____、____、_____和_____。
3. 将名为 t_student 的数据表中的 name 字段修改为新名字 full_name，并将其数据类型改为 VARCHAR(128)，使用_____命令来实现。
4. 删除名为 t_class 的数据表，使用_____命令来实现。
5. 删除 t_student 数据表的 name 列，使用 _____命令来实现。

读书笔记

数据的管理 第**3**章

数据表是数据的载体，在使用过程中需要频繁地对数据进行各种操作。MySQL 提供了对数据进行添加、删除、修改等操作的完整功能。本章将重点介绍如何使用 SQL 命令对表中数据进行操作。

学习目标

- 熟悉 SQL 表达式
- 掌握运算符的使用
- 掌握数据的增删改操作
- 掌握级联操作
- 了解数据库的备份和恢复

3.1 表达式及运算符

在 MySQL 中，运算符是一类符号，用于指定在一个或多个表达式中进行的操作。表达式是由操作数、运算符、列名或函数等相互连接而构成的式子。

在进行数据处理时，灵活地运用表达式及运算符能更好地表达逻辑。表达式和运算符是 SQL 语言的重要组成部分。本小节将引导读者学习运算符及表达式的应用。

3.1.1 算术运算符

MySQL 中的算术运算符是一组用于执行基本数学运算的关键工具。这些运算符能用于数字数据的加法、减法、乘法和除法等操作。灵活应用算术运算符能有效地进行数值计算、数据转换和统计分析等操作。MySQL 中支持的算术运算符如表 3-1 所示。

表 3-1　算术运算符

运算符	示例	含义
+	A + B	加法
-	A - B	减法
*	A * B	乘法
/	A / B	除法
DIV	A DIV B	除法，只保留商的整数部分
%	A % B	取余

3.1.2 比较运算符

比较运算符在 MySQL 数据表筛选中发挥着重要作用。比较运算符的结果可以为真(1)，表示数据满足筛选条件；也可以为假(0)，表示数据不满足筛选条件。当比较的结果无法确定时，比较运算符将返回 NULL 值，表示无法确定数据是否满足条件。在 MySQL 中，使用 1 表示真(true)的结果，使用 0 表示假(false)的结果。这种布尔表示方式常用于逻辑判断和条件筛选中，帮助我们进行精确的数据过滤和分析。MySQL 中支持的比较运算符如表 3-2 所示。

表 3-2　比较运算符

运算符	示例	含义
=	A = B	A 等于 B
!=	A != B	A 不等于 B
>	A > B	A 大于 B
>=	A >= B	A 大于等于 B
<	A < B	A 小于 B
<=	A <= B	A 小于等于 B
IS NULL	A IS NULL	A 的值是 NULL
IS NOT NULL	A IS NOT NULL	A 的值不是 NULL
BETWEEN AND	A BETWEEN B AND C	满足 B<=A<=C

（续表）

运算符	示例	含义
NOT BETWEEN	A NOT BETWEEN B AND C	不满足 B<=A<=C
IN	A IN (B1, B2, …)	A 是 B1,B2,...中的任意一个
NOT IN	A NOT IN (B1, B2, …)	A 不是 B1,B2,...中的任意一个
LIKE	A LIKE B	A 匹配 B

3.1.3 逻辑运算符

MySQL 中的逻辑运算符是用于组合和操作布尔条件的关键工具。逻辑运算符允许根据多个条件的真假情况构建复杂的逻辑表达式，以便更灵活地进行数据筛选和处理。

MySQL 中支持的逻辑运算符有 AND(&&)、OR(||)、NOT(!)。AND 运算符用于将多个条件连接起来，它提供了严格的条件匹配，只有当所有条件均为真时，整个表达式才为真。NOT 运算符用于对条件结果进行取反，即将真变为假，假变为真。它可以用于排除特定条件或对整个表达式的结果进行取反。OR 运算符用于连接多个条件，它提供了宽松的条件匹配，只要其中任何一个条件为真，整个表达式就为真。SQL 中的逻辑运算符及其含义如表 3-3 所示。

表 3-3　逻辑运算符

运算符	示例	含义
NOT 或!	NOT A	逻辑非，给表达式 A 取反
AND 或&&	A AND B	逻辑与，表达式 A 跟 B 同时成立
OR 或||	A OR B	逻辑或，表达式 A 或者 B 有一个成立

注意》》》 当一个语句中使用了多个逻辑运算符时，运算时会先求 NOT 的值，然后求 AND 的值，最后再求 OR 的值。

3.2 数据的基本操作

在先前的学习中，读者已经了解到数据表是存储数据的主要结构。本小节将介绍如何对表的数据进行添加、删除、修改等操作。

3.2.1 插入数据

向数据表中插入数据的方式多种多样，包括为所有列插入数据、为指定列插入数据以及批量插入数据等。在开发过程中，用户应根据具体需求选择适当的数据插入方式。接下来，将详细介绍几种基本的数据插入方式，以便读者能够灵活运用并满足实际开发需求。通过学习本节内容，读者将掌握插入数据的关键方法，为数据表操作提供可靠的支持。

1. 一次添加一条数据

向表中插入一条数据，语法格式如下：

```
INSERT [INTO] TABLE_NAME [(COLUMN1,COLUMN2,COLUMN3……)] VALUES (VALUE1,VALUE2,
VALUE3…);
```

主要参数介绍如下：

- TABLE_NAME：指定要插入数据的表名。
- COLUMN：可选参数，列名(字段名)。
- VALUE：需要添加到数据表的值，和 COLUMN 位置一一对应。
- INTO：语法关键字可以省略。

通过下面的案例可以更好地理解 INSERT 语句的应用。

【例 3-1】按照上述语法格式，使用 INSERT 向 t_student 表中添加一条学生数据。

代码如下：

```
INSERT INTO
t_student(id,student_name,gender,birthday,age,classID,begin_year)VALUES(1001,'张耀
仁','男','2003-2-21',20,1,'2023');
```

【例 3-2】省略关键字 INTO 向 t_student 表中添加一条学生数据。

代码如下：

```
INSERT
t_student(id,student_name,gender,birthday,age,classID,begin_year)VALUES(1002,'李启
全','男','2002-6-21',21,1,'2023');
```

【例 3-3】省略所有列名向 t_student 表中添加一条学生数据。

代码如下：

```
INSERT INTO t_student VALUES(1003,'许名瑶','女','2002-2-11',21,1,'2023');
```

注意 >>> 此时 VALUES 中值的顺序必须与 t_student 表中字段的顺序保持一致。

【例 3-4】向 t_student 表中添加一条学生数据并省略默认约束列。

代码如下：

```
INSERT INTO
t_student(id,student_name,birthday,age,classID,begin_year)VALUES(1004,'章涵','
2003-11-7',20,1,'2023');
```

注意 >>> 若表中某列有默认约束，在添加数据时，默认约束列可以不指定值。例如本案例中默认约束列为 gender，在添加数据时未指定值，则会使用默认值。

【例 3-5】向 t_student 表中添加一条学生数据，省略部分列数据。

代码如下：

```
INSERT INTO
t_student(id,student_name,gender,birthday,classID,begin_year)VALUES(1005,'司志清','
男','2003-10-14',1,'2023');
```

注意 >>> 若添加数据时缺省了某个字段，该字段必须允许为空。例如本案例缺省了 age 列。

【例 3-6】向 t_class 表中添加一条新的记录，添加时省略主键 id。

代码如下：

```
INSERT INTO t_class(class_name)VALUES('1班');
```

注意》》 若表中有自动增长列，则不建议对该列指定值。

小结：

(1) 添加数据时，值要与前面的字段(列)一一匹配。

(2) 添加数据如果有省略的字段，那么这些省略的字段约束必须允许为空。

(3) 自动增长列尽量不要指定值。

(4) 有默认约束的列如果不指定值，将使用设置的默认值。

(5) 主键列或唯一约束列，添加的值不能出现重复，否则报错。

2. 一次添加多条数据

有时为了提高添加数据的效率，可以一次添加多条数据，使用的仍然是 INSERT 语句，语法格式如下：

```
INSERT [INTO] TABLE_NAME [(COLUMN1,COLUMN2,COLUMN3……)]
VALUES
(VALUE1,VALUE2,VALUE3…),
(VALUE1,VALUE2,VALUE3…),
(VALUE1,VALUE2,VALUE3…),
(VALUE1,VALUE2,VALUE3…),
…
(VALUE1,VALUE2,VALUE3…);
```

格式与添加单条数据类似，只不过每条数据通过逗号分隔，由原来的一条增加为多条，可以方便地一次性添加多条数据。

【例 3-7】根据上述语法向 t_class 表中一次添加多条班级信息。

代码如下：

```
INSERT INTO t_class(class_name)VALUES('2班'),('3班');
```

注意》》 一次添加多条数据是 MySQL 特有的功能。

3. 把查询的结果插入表中

有时需要将查询结果插入另一个表中，甚至需要指定插入的字段。下面将介绍如何将查询结果有效地插入目标表中。

具体的语法格式如下：

```
INSERT INTO TABLE_NAME [(COLUMN1,COLUMN2,...)]
SELECT
COLUMN1,COLUMN2,...
FROM
TABLE_NAME2;
```

主要参数介绍如下。

● TABLE_NAME：插入数据的目标表名。

● COLUMN：列名。

● TABLE_NAME2：取数据的来源表名。

注意：

(1) 如果两个表的字段一致，并且需要插入全部数据，可以简写为：

INSERT INTO 目标表名 **SELECT** * **FROM** 来源表名；

例如：

将 t_student 表中的所有数据添加到 newstudent 表中(两个表的字段一致)

```
INSERT INTO newstudent SELECT * FROM t_student;
```

如果 newstudent 表不存在，也可以写为：

```
CREATE TABLE newstudent AS SELECT * FROM t_student;
```

(2) 如果只需要导入指定字段，那么写法就要采用具体的语法格式。

3.2.2 更新数据

当数据表中的某些数据不再符合要求时，就需要去更新表中的数据。更新数据的方法有很多，比较常用的是使用 UPDATE 语句，其语法格式如下：

```
UPDATE TABLE_NAME
SET
COLUMN_NAME=VALUE,
COLUMN_NAME=VALUE,
…,
COLUMN_NAME=VALUE
[WHERE <表达式>];
```

主要参数介绍如下。

- TABLE_NAME：要更新的数据表的名称。
- SET：对指定字段进行值的修改。
- COLUMN_NAME：需要更新值的字段名。
- VALUE：对应字段的更新值。
- WHERE：条件语句是可选的，代表修改数据时的条件，如果不选择该语句，代表的则是修改表中的全部数据。

1. 修改表中某列的全部数据

更新表中某列所有数据的操作较为简单，只需要在 set 关键字后设置更新条件即可。

【例 3-8】将 t_student 表中所有学生的年龄加 1。

代码如下：

```
UPDATE t_student set age=age+1;
```

意思是将学生表中年龄(age)字段的值全部加 1。

2. 根据条件修改指定行的数据

根据条件可以对表中指定行的数据进行更新，一般搭配 WHERE 语句来完成。

【例 3-9】将学号为 1004 的学生性别修改为"女"。

代码如下：

```
UPDATE t_student set gender='女' WHERE id=1004;
```

3.2.3　删除数据

对于数据库中无用的数据，可以选择将其删除，但需要注意的是，删除操作要谨慎，因为进行数据的恢复是比较麻烦的，如果没有备份就会造成数据丢失。删除数据可以使用 DELETE 命令，该命令既可以清空整个表的数据，也可以根据条件清除指定内容。

1. 使用 DELETE 删除数据

删除数据表中的数据使用 DELETE 语句，具体语法格式如下：

```
DELETE FROM TABLE_NAME  [WHERE condition];
```

主要参数介绍如下。

- TABLE_NAME：被删除数据的表名。
- WHERE condition：作为可选参数，指定要删除的筛选条件。如果没有 WHERE 子句，DELETE 语句将会删除表中所有的数据。

【例 3-10】删除 t_student 表中的所有记录。

代码如下：

```
DELETE FROM t_student;
```

注意>>>　此操作很少使用，因为大多数数据库中的提交方式是自动的，在没有标识为事务的情况下是不能回滚的。DELETE 命令是要记录到日志的操作，所以如果无意中使用了 DELETE 命令，只能从备份的数据库中进行恢复。

【例 3-11】删除 t_student 表中学生编号为 1002、1003 和 1005 的学生信息。

代码如下：

```
DELETE FROM t_student WHERE id IN(1002,1003,1005);
```

【例 3-12】删除 t_student 表中学生编号为 1004 的学生信息。

代码如下：

```
DELETE FROM t_student WHERE id=1004;
```

2. 使用 TRUNCATE 删除数据

DELETE 虽然能够删除表中的全部数据，但是由于删除操作是逐行执行删除的，并且同时将该行的删除操作记录到了日志文件中，以便日后进行回滚(rollback)和重做操作，因此删除的速度会受到影响，而且 DELETE 其实并不会真的把数据删除，只是给删除的数据标记为已删除，因此 DELETE 删除的数据，并未释放掉空间。

TRUNCATE 可以删除表中的所有数据，只留下一个表的结构定义。使用 TRUNCATE 语句执行删除操作是不记录到日志的，因此其速度要比 DELETE 语句快得多。而且 TRUNCATE 语句将释放数据表的数据和索引所占据的所有空间，以及释放所有索引分配的空间。其语法格式如下：

```
TRUNCATE TABLE TABLE_NAME
```

【例 3-13】新建一个表，并输入测试数据，然后分别使用 DELETE 和 TRUNCATE 测试删除效果。

(1) 创建学生表并录入数据。

```
CREATE TABLE Student(
sid int auto_increment PRIMARY KEY,
sname varchar(10),
sage int
);
INSERT Student(sname,sage) VALUES
('张三',21),
('李四',20),
('王五',21),
('赵六',19);
```

(2) 查看录入的数据。

```
mysql> SELECT * FROM Student;
```

(3) 使用 TRUNCATE 删除 Student 表中的所有记录，并重新查询表中的数据。会发现执行完查询命令后提示"Empty set"，说明此时表中已经没有数据。

```
mysql> TRUNCATE TABLE Student;
mysql> SELECT * FROM Student;
Empty set
```

(4) 再次为 Student 表添加数据，在使用 DELETE 命令删除之前可以先查看一下新录入的数据。注意这次添加的数据中并没有设置主键值，主键值是由自动增长自动计算得出的，其编号依然是从 1 开始的。

```
mysql> INSERT Student(sname,sage) VALUES
('张三',21),
('李四',20),
('王五',21),
('赵六',19);
mysql> SELECT * FROM Student;
+-----+-------+------+
| sid | sname | sage |
+-----+-------+------+
|  1  | 张三  |  21  |
|  2  | 李四  |  20  |
|  3  | 王五  |  21  |
|  4  | 赵六  |  19  |
+-----+-------+------+
```

(5) 使用 DELETE 命令删除全部数据并再次为 Student 表添加数据，然后执行查询命令进行查看，就会发现新的数据主键是从 5 开始的。

```
mysql> DELETE FROM Student;
mysql> INSERT Student(sname,sage)VALUES('张三',21);
mysql> SELECT * FROM Student;
+-----+-------+------+
```

```
| sid | sname | sage |
+-----+-------+------+
|   5 | 张三  |   21 |
+-----+-------+------+
1 row in set
```

通过上述操作可以发现，DELETE 操作不会删除数据表的数据空间，因此不会重置 auto_increment 的值。而 TRUNCATE 则不会存在上述问题。需要注意一点：TRUNCATE TABLE 命令不能用于有外键约束的表，如果表中存在外键约束则必须使用 DELETE 命令来删除数据。

3.2.4 级联操作

级联操作是 MySQL 数据库开发人员必备的技能之一。当有外键约束的时候，必须先修改或者删除副表中所有关联的数据后，才能修改或者删除主表的数据，但有时候希望直接修改或者删除主表数据，然后与主表相关联的其他表中的数据也被自动修改或删除掉。这种自动修改或删除的过程称为级联操作。

若要在 MySQL 数据库中实现级联操作，需要在设计数据库表的时候，使用外键约束将表链接在一起，并定义级联规则。在 MySQL 中，外键能够保证数据表之间数据的一致性，当有了外键约束和级联规则时，在修改或删除主表数据时，MySQL 会自动把对应关联表中的相应数据也修改或删除掉。下面以级联删除为例进行演示。

级联修改：ON UPDATE CASCADE

级联删除：ON DELETE CASCADE

例如：

```
CREATE TABLE t_class(
ID INT(11) AUTO_INCREMENT  PRIMARY KEY, -- 班级 ID,自增主键
ClassName VARCHAR(9) not null,          -- 班级名称,非空
BeginTime YEAR not null,                -- 开班时间,非空
GradeID INT,
CONSTRAINT fk_grade_gradeid FOREIGN KEY(GradeID) REFERENCES t_grade(GradeID) ON
DELETE CASCADE
);
```

在上面的示例中，t_class 班级信息表通过 GradeID 作为外键字段与年级表 t_grade 中的 GradeID 字段产生关联，通过设置 ON DELETE CASCADE 规则，当从 t_grade 表中删除某个年级的信息时，与该年级相关的所有信息也会从 t_class 表中删除。

通过以上案例，不难看出级联删除是一种高效的删除方式，并且能够保证数据的一致性，简化数据库的操作流程。但是，通过利用外键约束来实现级联删除操作时，要再三确认是否删除，避免数据的丢失。

3.3 数据的备份和恢复

对于数据库管理员而言，数据备份与恢复是十分重要的工作之一。若忽视此环节，一旦数据库发生故障导致数据丢失，对公司造成的后果就不堪设想。由于数据库备份与恢复涉及的命令较为复杂，初学者可能难以掌握。因此，在本小节中，将使用第三方工具 Navicat 来进行数据库的备份和

还原操作，以帮助读者更轻松地实施数据备份和恢复工作。

3.3.1 备份数据库

在主视图窗口中选择"备份"功能按钮后，在下面的导航栏中单击"新建备份"，弹出其提示窗口，然后在提示窗口中单击"备份"按钮执行备份命令。如图 3-1 所示。

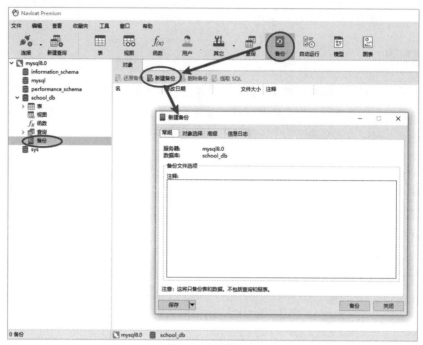

图 3-1　备份数据库

执行完备份命令后，在导航栏中可以看到备份的相关信息。

在备份名称上单击右键，选中"对象信息"命令即可查看备份文件的存储位置、文件大小和创建日期，如图 3-2 所示。

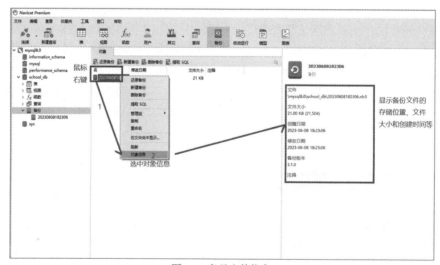

图 3-2　备份文件信息

3.3.2　恢复数据库

若不慎将 school_db 数据库中的表 t_student 删除了，则可以选择"还原备份"命令，在弹出的窗口中单击"还原"按钮，对于警告的提示选择"确定"按钮即可，如图 3-3 所示。

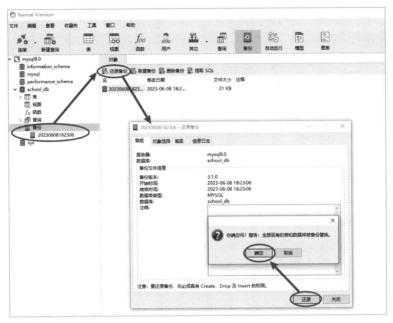

图 3-3　还原备份

还原完成后，在数据库 school_db 中就会发现原来被删除的 t_student 表恢复回来了，如图 3-4 所示。

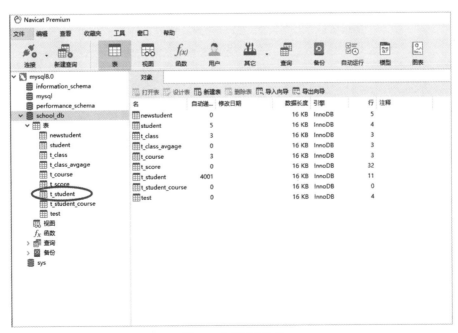

图 3-4　恢复回来的表

3.3.3　创建备份计划

以上都是手动进行备份操作，那么能不能更加高效地使其定时自动备份呢？答案是可以的，Navicat 提供了备份计划功能的设置。

步骤 1：设置计划批处理作业，如图 3-5 所示。

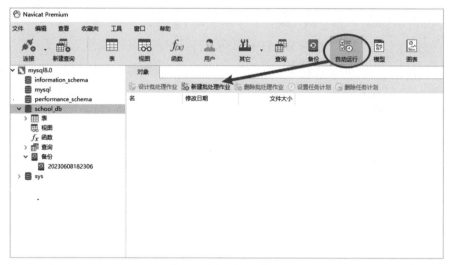

图 3-5　新建批处理作业

在下面的"备份"导航栏中选择所要备份的数据库，然后单击上方的"保存"按钮，在弹出来的配置文件名窗口中起一个名字，如 back，然后单击"确定"按钮，保存此批处理作业后，方可对其设置计划任务，如图 3-6 所示。

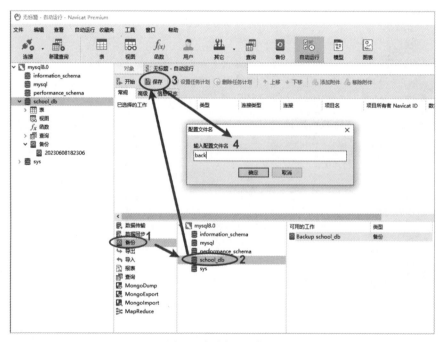

图 3-6　保存批处理作业

保存成功后在右侧可以看到保存批处理作业的信息，如图 3-7 所示。

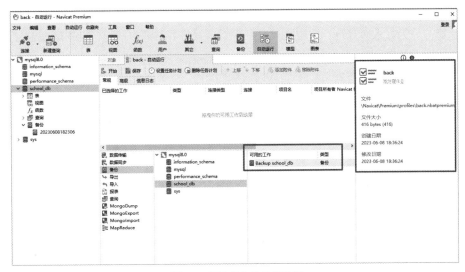

图 3-7 批处理作业的信息图

步骤 2：设置计划任务。

在批处理作业的视图窗口中，单击"设置计划任务"选项按钮后会弹出一个对话框，选择"触发器"选项。单击"新建"按钮新建一个计划，在"新建触发器"的对话框中选择计划的执行周期：一次/每天/每周/每月等，如图 3-8 所示。

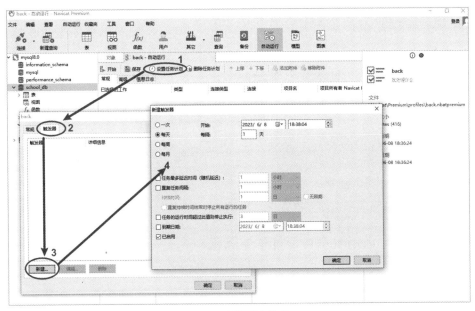

图 3-8 设置计划任务

设置完计划执行时间后，单击"确定"按钮。

本章总结

- 运算符分为算术运算符、比较运算符、逻辑运算符等，通常情况下会出现在 SQL 语句中，以便增加数据库操作的灵活性。
- 使用 INSERT 语句对表进行添加数据的操作。
- 使用 UPDATE 语句对表进行修改数据的操作。
- 使用 DELETE 语句对表进行删除数据的操作。
- 使用 TRUNCATE 语句对整个表进行数据删除操作。
- 使用工具对数据进行备份、恢复，设置备份计划。

上机练习

上机练习一　向 t_course 表中添加课程信息

1. 训练技能点

INSERT 语句的使用。

2. 任务描述

使用 INSERT 语句向 t_course 表中添加如图 3-9 所示的数据，由于 t_course 表中的 id 是自增主键标识列，所以在添加时，需要注意该列不用指定值。

图 3-9　t_course 表的数据

3. 做一做

根据任务的描述进行项目实训，检查学习效果。

上机练习二　向 t_student 表中添加学生信息

1. 训练技能点

INSERT 语句的使用。

2. 任务描述

本章在讲解删除数据知识点时，对学生信息表进行了数据的删除，在这里作为练习重新添加回来，添加的信息如图 3-10 所示。

id	student_name	gender	birthday	age	classID	begin_year
1001	张耀仁	男	2003-02-21	20	1	2023
1002	李启全	男	2002-06-21	21	1	2023
1003	许名瑶	女	2002-02-11	21	1	2023
1004	章涵	男	2003-11-07	20	1	2023
1005	司志清	男	2003-10-14	(Null)	1	2023
2001	马云博	男	2002-10-14	21	2	2023
2002	刘帅兵	男	2001-10-14	(Null)	2	2023
2003	许云	女	2001-10-14	22	2	2023
3001	张云龙	男	2004-09-14	19	3	2023
3002	刘帅兵	男	2005-05-14	18	3	2023
3003	李子墨	女	2003-02-14	20	3	2023

图 3-10　t_student 表的数据

3. 做一做

根据任务的描述进行项目实训，检查学习效果。

上机练习三　数据信息的修改操作

1. 训练技能点

UPDATE 语句的使用。

2. 任务描述

(1) 使用 CREATE 语句创建临时练习表 test，并使用 INSERT 语句添加如图 3-11 所示的数据。

id	name	age	class_id	address
1	张三	19	1	郑州
2	李四	20	1	西安
3	王五	19	2	青岛
4	赵六	20	3	芜湖
5	钱七	(Null)	3	杭州

图 3-11　test 练习表的数据

(2) 请将 test 练习表中年龄为 NULL 的学生年龄更新为 20 岁。

(3) 请将赵六、钱七两名同学转班到 1 班。

3. 做一做

根据任务的描述进行项目实训，检查学习效果。

上机练习四　数据信息的删除操作

1. 训练技能点

DELETE 和 TRUNCATE 语句的使用。

2. 任务描述

(1) 使用 DELETE 将临时练习表 test 中年龄为 20 的学生信息全部删除。

(2) 使用 TRUNCATE 清空 test 表中的数据。

3. 做一做

根据任务的描述进行项目实训，检查学习效果。

巩固练习

一、选择题

1. 下列说法正确的是(　　)。

　　A. INSERT INTO 语句中 INTO 关键字不能省略

　　B. INSERT INTO 语句一次只能添加一条语句

　　C. INSERT INTO 语句中的字段名不能省略

　　D. INSERT INTO 语句中的 VALUE 关键字不能省略

2. 下列选项中不属于逻辑运算的是(　　)。

　　A. AND　　　　　　　　　　B. OR

　　C. NOT　　　　　　　　　　D. NULL

3. 下列选项中可以用来删除表中部分数据的语句是(　　)。

　　A. DELETE 语句　　　　　　B. INSERT 语句

　　C. UPDATE DELETE 语句　　D. DROP 语句

4. 在公司数据库中，有 employee 员工表，包含字段 e_id(员工工号)、e_name(员工姓名)、e_salary(员工薪资表)。现在要给集体员工加薪资 10 元，下列语句正确的是(　　)。

　　A. update employee set e_salary=e_salary+10 where e_id=1;

　　B. update * set e_salary=e_salary+10;

　　C. update * from employee set e_salary=e_salary+10;

　　D. update employee set e_salary=e_salary+10;

二、填空题

1. 在 MySQL 中，可以使用＿＿＿＿＿＿＿＿关键字修改、更新一个表或多个表中的数据。

2. 修改或者删除主表数据，然后与主表相关联的其他表中的数据也会被自动修改或删除。这种自动修改或删除的操作称为＿＿＿＿＿＿。

3. 在 MySQL 中，＿＿＿＿＿＿删除的数据不能恢复还原，＿＿＿＿＿＿删除的数据可以恢复还原。

4. 在本章中，使用第三方工具＿＿＿＿＿＿来进行数据库的备份和还原操作。

查 询 入 门　第**4**章

在本章之前的内容中，介绍了建库、建表、添加数据、修改数据、删除数据等操作。与数据存储、操作相比，数据表更重要的作用在于显示数据。在实际应用中，数据相关的大量任务都集中在如何进行数据查询上。因此，如何实现高效的数据查询成了核心问题。从本章起，将逐步向读者介绍如何对数据库进行查询操作。

学习目标
- 掌握 SELECT 简单查询
- 掌握 WHERE 条件查询
- 掌握使用 DISTINCT 消除重复行
- 掌握使用 LIMIT 限定查询返回行
- 掌握使用 ORDER BY 进行查询排序

4.1 简单查询

数据查询是指用户以特定方式从一个或多个表中检索数据的过程。以满足查询条件的记录为基础，从中提取特定字段的值，并将其转化为一个结果呈现给用户。

MySQL 接收到查询指令后，它会对所有的数据记录进行逐行定位，并对其是否符合条件进行判断。一旦满足条件，就会提取筛选出的数据行，并将其组织在一起，形成一个类似于表的结构，即记录集(RecordSet)。

由于查询结果的结构实际上和表的结构是相同的，都是由多行组成的，因此在查询结果上可以再次进行查询。

本小节将介绍 SQL 语句中查询命令的语法及简单用法。

4.1.1 基本语法

SELECT 命令的基本语法如下：

```
SELECT select_list
FROM table_name
[WHERE search_condition]
[ORDER BY order_expression [ASC|DESC]]
[LIMIT [offset] rowcount]
```

主要参数介绍如下。
- select_list：用户要查询的字段名称，"*"号代表所有字段。
- table_name：用户要查询的表名。
- WHERE：可选项，可以限定查询行必须满足的查询条件。
- search_condition：查询条件的内容。
- ORDER BY：可选项，对查询结果按照要求进行排序。
- order_expression：标明需要排序的字段。
- ASC：表示将查询结果按照升序排序。
- DESC：表示将查询结果按照降序排序。
- LIMIT：限制每次查询出来的数据条数。

SELECT 命令通常用于完成不同的查询功能，如排序(ORDER BY)、条件查询(WHERE)、分组(GROUP BY)等，它的灵活性允许用户根据需求定制其特定查询。

4.1.2 基本应用

1. SELECT 全表查询

在某些情况下，用户需要查看当前表中的全部数据，一种常见的做法就是进行全表查询。以 t_student 学生表为例，可以采用以下方式进行查询。

【例 4-1】使用 SELECT 查询 t_student 全表数据。

代码如下：

```
SELECT * FROM t_student;
```

一旦成功执行，该查询命令就会返回 t_student 表中的所有列，并按照定义表时的列顺序进行展示。

这里的"*"符号代表的是当前查询表中所有列名的通配符。如果不使用该通配符，要想查询表的全部数据，就需要将表中的所有列名都列举出来，列名之间需要用逗号进行分割，例如：

```
SELECT id,student_name,gender,birthday,age,classID,begin_year FROM t_student;
```

2. SELECT 限定列查询

利用 SELECT 关键字，可以实现对表格中的列进行有选择的查询，即只对符合条件的部分字段值进行查询。例如，在处理学生信息表时，由于学生信息表中的列较多，如果用户只想查询指定字段的数据，可以使用该关键字来实现。

【例 4-2】查询 t_student 表中学号、姓名、性别和年龄这几个字段的数据。

代码如下：

```
mysql> SELECT id,student_name,gender,age FROM t_student;
+------+--------------+--------+------+
| id   | student_name | gender | age  |
+------+--------------+--------+------+
| 1001 | 张耀仁       | 男     |   20 |
| 1002 | 李启全       | 男     |   21 |
| 1003 | 许名瑶       | 女     |   21 |
| 1004 | 章涵         | 男     |   20 |
| 1005 | 司志清       | 男     | NULL |
| 2001 | 马云博       | 男     |   21 |
| 2002 | 刘帅兵       | 男     | NULL |
| 2003 | 许云         | 女     |   22 |
| 3001 | 张云龙       | 男     |   19 |
| 3002 | 刘帅兵       | 男     |   18 |
| 3003 | 李子墨       | 女     |   20 |
+------+--------------+--------+------+
11 rows in set (0.00 sec)
```

注意 >>> 通常情况下，避免使用通配符"*"来进行查询操作，尽管它可以节省输入查询语句的时间，但是获取不需要的列数据会降低查询和应用程序的效率。

4.1.3 别名用法

在使用 SELECT 进行查询时，由于数据库设计中使用的表名、字段名等比较繁杂，在写 SQL 语句的时候，为了提高效率及便于理解，可以给字段或者表名起别名。

在查询语句中，可以使用 AS、空格来为字段重新命名，重命名后的列称为原有列的别名，查询结果的列名会显示为别名。

1. 使用 AS 关键字为字段名或者表名起别名

语法格式：

```
SELECT 字段名1 AS 别名 字段名2 AS 别名...FROM 表名 AS 别名;
```

【例 4-3】查询 t_student 表中学号、姓名、性别和年龄这几个字段的数据，并使用 AS 对以上字段定义别名。

代码如下：

```
mysql> SELECT id AS 学号,student_name AS 姓名,gender AS 性别,age AS 年龄 FROM
t_student;
+------+--------+------+------+
| 学号 | 姓名   | 性别 | 年龄 |
+------+--------+------+------+
| 1001 | 张耀仁 | 男   | 20   |
| 1002 | 李启全 | 男   | 21   |
| 1003 | 许名瑶 | 女   | 21   |
| 1004 | 章涵   | 男   | 20   |
| 1005 | 司志清 | 男   | NULL |
| 2001 | 马云博 | 男   | 21   |
| 2002 | 刘帅兵 | 男   | NULL |
| 2003 | 许云   | 女   | 22   |
| 3001 | 张云龙 | 男   | 19   |
| 3002 | 刘帅兵 | 男   | 18   |
| 3003 | 李子墨 | 女   | 20   |
+------+--------+------+------+
11 rows in set (0.00 sec)
```

2. 使用空格为字段起别名

语法格式：

SELECT 字段名 1　别名 字段名 2　别名...FROM 表名 别名；

【例 4-4】查询 t_student 表中学号、姓名、性别和年龄这几个字段的数据，并使用空格对以上字段定义别名。

代码如下：

```
mysql> SELECT id 学号,student_name 姓名,gender 性别,age 年龄 FROM t_student;
+------+--------+------+------+
| 学号 | 姓名   | 性别 | 年龄 |
+------+--------+------+------+
| 1001 | 张耀仁 | 男   | 20   |
| 1002 | 李启全 | 男   | 21   |
| 1003 | 许名瑶 | 女   | 21   |
| 1004 | 章涵   | 男   | 20   |
| 1005 | 司志清 | 男   | NULL |
| 2001 | 马云博 | 男   | 21   |
| 2002 | 刘帅兵 | 男   | NULL |
| 2003 | 许云   | 女   | 22   |
| 3001 | 张云龙 | 男   | 19   |
| 3002 | 刘帅兵 | 男   | 18   |
| 3003 | 李子墨 | 女   | 20   |
+------+--------+------+------+
11 rows in set (0.00 sec)
```

注意 »» 别名并没有改变表中字段的名称。

4.2 条件查询和运算符

条件查询和运算符是查询语句的重要组成部分，它们允许用户根据特定条件来过滤和排序数据，同时还可以进行逻辑运算和算术运算，以实现更加复杂的查询操作。下面将介绍 MySQL 中条件查询和运算符的使用方法。

4.2.1 使用 WHERE 语句进行条件查询

前面讲解的全表查询能够检索出所有数据，但这种操作也有一些弊端，当表中数据量非常大时，它会占用大量的内存和系统资源，而且一般的全表查询结果，对于用户来说作用并不是很大，有时候只需要查看某些限制条件内的数据，因此需要按照条件进行数据的查询。例如，在购物网站上，用户不会浏览所有商品，而是根据条件查找需要的商品。

1. 单条件查询

单条件查询是指在 WHERE 语句后面只有一个条件，例如要求查询年龄在 21 岁以上的学生信息。

在 SELECT 语句中使用 WHERE 子句指定查询条件，从而查询筛选后的数据，语法格式如下：

```
SELECT 字段名 1,字段名 2,...FROM 表名 WHERE 条件表达式;
```

【例 4-5】查询 t_student 表中年龄在 20 岁以上的学生信息。

代码如下：

```
mysql> SELECT * FROM t_student WHERE age > 20;
+------+--------------+--------+------------+------+---------+------------+
| id   | student_name | gender | birthday   | age  | classID | begin_year |
+------+--------------+--------+------------+------+---------+------------+
| 1002 | 李启全        | 男     | 2002-06-21 | 21   | 1       | 2023       |
| 1003 | 许名瑶        | 女     | 2002-02-11 | 21   | 1       | 2023       |
| 2001 | 马云博        | 男     | 2002-10-14 | 21   | 2       | 2023       |
| 2003 | 许云          | 女     | 2001-10-14 | 22   | 2       | 2023       |
+------+--------------+--------+------------+------+---------+------------+
4 rows in set (0.00 sec)
```

在这个示例中，WHERE 子句部分用到了比较运算符 ">"。上一章还介绍了许多其他比较运算符，如 ">=" "<" "<=" "=" "!="。接下来，我们将通过示例学习如何在 WHERE 子句中使用这些比较运算符。

【例 4-6】查询 t_student 表中所有性别为女的学生信息。

代码如下：

```
mysql> SELECT * FROM t_student WHERE gender='女';
+------+--------------+--------+------------+------+---------+------------+
| id   | student_name | gender | birthday   | age  | classID | begin_year |
+------+--------------+--------+------------+------+---------+------------+
| 1003 | 许名瑶        | 女     | 2002-02-11 | 21   | 1       | 2023       |
| 2003 | 许云          | 女     | 2001-10-14 | 22   | 2       | 2023       |
```

```
| 3003 | 李子墨       | 女     | 2003-02-14 | 20  |      3 |    2023   |
+------+--------------+--------+------------+------+--------+------------+
3 rows in set (0.00 sec)
```

【例 4-7】查询 t_student 表中年龄小于 21 岁的学生信息。

代码如下：

```
mysql> SELECT * FROM t_student WHERE age < 21;
+------+--------------+--------+------------+------+--------+------------+
| id   | student_name | gender | birthday   | age  | classID| begin_year |
+------+--------------+--------+------------+------+--------+------------+
| 1001 | 张耀仁       | 男     | 2003-02-21 | 20  |      1 |    2023   |
| 1004 | 章涵         | 男     | 2003-11-07 | 20  |      1 |    2023   |
| 3001 | 张云龙       | 男     | 2004-09-14 | 19  |      3 |    2023   |
| 3002 | 刘帅兵       | 男     | 2005-05-14 | 18  |      3 |    2023   |
| 3003 | 李子墨       | 女     | 2003-02-14 | 20  |      3 |    2023   |
+------+--------------+--------+------------+------+--------+------------+
5 rows in set (0.00 sec)
```

【例 4-8】查询 t_student 表中所有年龄不为 20 的学生姓名。

代码如下：

```
mysql> SELECT student_name FROM t_student WHERE age != 20;
+--------------+
| student_name |
+--------------+
| 李启全       |
| 许名瑶       |
| 马云博       |
| 许云         |
| 张云龙       |
| 刘帅兵       |
+--------------+
6 rows in set (0.00 sec)
```

2. 多条件复合查询

有时查询条件并不是单一的，要通过对几个条件进行筛选来达到所希望的效果。在这种情况下，需要用前一章的逻辑运算符"NOT""AND""OR"把各种条件结合起来。现就如何使用这 3 个逻辑运算符以实现多条件筛选判断进行阐述。执行以下代码来观察运行结果。

语法格式：

```
SELECT 字段名1,字段名2,...FROM 表名 WHERE 条件表达式1 逻辑运算符 条件表达式2;
```

接下来通过具体案例演示带逻辑运算符的多条件复合查询。

【例 4-9】查询 t_student 表中 1 班所有的男生信息。

代码如下：

```
mysql> SELECT * FROM t_student WHERE classID=1 AND gender='男';
+------+--------------+--------+------------+------+--------+------------+
| id   | student_name | gender | birthday   | age  | classID| begin_year |
+------+--------------+--------+------------+------+--------+------------+
```

```
| 1001 | 张耀仁     | 男     | 2003-02-21 | 20   |     1 |     2023 |
| 1002 | 李启全     | 男     | 2002-06-21 | 21   |     1 |     2023 |
| 1004 | 章涵       | 男     | 2003-11-07 | 20   |     1 |     2023 |
| 1005 | 司志清     | 男     | 2003-10-14 | NULL |     1 |     2023 |
+------+-------------+--------+------------+------+--------+-----------+
```

【例 4-10】查询 t_student 表中年龄小于 21 岁或性别为男的学生信息。

代码如下：

```
mysql> SELECT * FROM t_student WHERE age<21 OR gender='男';
+------+-------------+--------+------------+------+--------+------------+
| id   | student_name | gender | birthday   | age  | classID | begin_year |
+------+-------------+--------+------------+------+--------+------------+
| 1001 | 张耀仁     | 男     | 2003-02-21 | 20   |     1 |     2023 |
| 1002 | 李启全     | 男     | 2002-06-21 | 21   |     1 |     2023 |
| 1004 | 章涵       | 男     | 2003-11-07 | 20   |     1 |     2023 |
| 1005 | 司志清     | 男     | 2003-10-14 | NULL |     1 |     2023 |
| 2001 | 马云博     | 男     | 2002-10-14 | 21   |     2 |     2023 |
| 2002 | 刘帅兵     | 男     | 2001-10-14 | NULL |     2 |     2023 |
| 3001 | 张云龙     | 男     | 2004-09-14 | 19   |     3 |     2023 |
| 3002 | 刘帅兵     | 男     | 2005-05-14 | 18   |     3 |     2023 |
| 3003 | 李子墨     | 女     | 2003-02-14 | 20   |     3 |     2023 |
+------+-------------+--------+------------+------+--------+------------+
```

【例 4-11】查询 t_student 表中不是 1 班的学生信息。

代码如下：

```
mysql> SELECT * FROM t_student WHERE NOT(classID=1);
+------+-------------+--------+------------+------+--------+------------+
| id   | student_name | gender | birthday   | age  | classID | begin_year |
+------+-------------+--------+------------+------+--------+------------+
| 2001 | 马云博     | 男     | 2002-10-14 | 21   |     2 |     2023 |
| 2002 | 刘帅兵     | 男     | 2001-10-14 | NULL |     2 |     2023 |
| 2003 | 许云       | 女     | 2001-10-14 | 22   |     2 |     2023 |
| 3001 | 张云龙     | 男     | 2004-09-14 | 19   |     3 |     2023 |
| 3002 | 刘帅兵     | 男     | 2005-05-14 | 18   |     3 |     2023 |
| 3003 | 李子墨     | 女     | 2003-02-14 | 20   |     3 |     2023 |
+------+-------------+--------+------------+------+--------+------------+
6 rows in set (0.00 sec)
```

4.2.2　使用 DISTINCT 消除重复查询

在查询某列数据的时候，查询结果中可能会存在重复的值，而用户对于重复的值只需要一条即可。例如查询学生表中登记的学生都是哪些班级的，只需要知道这些班级编号即可。因为一个班级里一定存在多名同学，所以使用之前的查询方式，返回的班级编号结果一定有很多重复的行，这些重复的行值中只需显示一条记录。

SELECT 语句中的 DISTINCT 关键字就是用来解决这个问题的。

具体语法格式如下：

```
SELECT DISTINCT 字段名 FROM 表名;
```

接下来通过具体案例演示带 DISTINCT 关键字的去重查询。

【例 4-12】查询 t_student 表中都有哪些班级。

代码如下：

```
mysql> SELECT DISTINCT classID FROM t_student;
+---------+
| ClassID |
+---------+
|       1 |
|       2 |
|       3 |
+---------+
3 rows in set
```

从以上执行结果可以看到，查询结果有 3 条记录，表示当前所有学生属于三个班级，班级编号是：1、2、3，没有重复数据。

4.2.3　使用 LIMIT 限定查询

当数据量较大时，SELECT 会返回所有匹配的行数据。如果用户只需要查询第一行或前几行的数据即可达到查询目的，那么可以使用 LIMIT 关键字来限制查询返回的结果数量。通常情况下，LIMIT 会结合数据查询排序来对排序后的数据取前面一定数量的查询结果，从而限制查询结果数量。

语法格式：

```
SELECT 字段名1,字段名2,...FROM 表名 [WHERE 条件表达式] LIMIT [位置偏移量] 行数;
```

主要参数介绍如下。

- 位置偏移量：指定 MySQL 从哪一行开始显示，是一个可选参数，如果不指定，将会从表中的第一条记录开始(第一条记录的位置偏移量是 0，第二条记录的位置偏移量是 1，以此类推)。
- 行数：指定返回的记录条数。

接下来通过具体案例演示带 LIMIT 关键字的限定查询。

【例 4-13】查询 t_student 学生信息表中前四条记录。

代码如下：

```
mysql> SELECT id,student_name,gender,age FROM t_student LIMIT 4;
+------+--------------+--------+------+
| id   | student_name | gender | age  |
+------+--------------+--------+------+
| 1001 | 张耀仁        | 男     |   20 |
| 1002 | 李启全        | 男     |   21 |
| 1003 | 许名瑶        | 女     |   21 |
| 1004 | 章涵          | 男     |   20 |
+------+--------------+--------+------+
4 rows in set (0.00 sec)
```

从结果可以看到，该语句并未指定返回记录的"位置偏移量"参数，所以显示的结果集是从第一行开始的，"行数"限制为 4，所以结果展示的是表中的前 4 行。

若指定返回记录的开始位置，则返回的结果是从"位置偏移量"参数指定的行数开始，返回"行数"参数指定的记录条数。

【例 4-14】查询 t_student 学生信息表中第 3 行到第 9 行的数据。

代码如下：

```
mysql> SELECT id,student_name,gender,age,classID FROM t_student LIMIT 2,7;
+------+--------------+--------+------+---------+
| id   | student_name | gender | age  | classID |
+------+--------------+--------+------+---------+
| 1003 | 许名瑶       | 女     |  21  |    1    |
| 1004 | 章涵         | 男     |  20  |    1    |
| 1005 | 司志清       | 男     | NULL |    1    |
| 2001 | 马云博       | 男     |  21  |    2    |
| 2002 | 刘帅兵       | 男     | NULL |    2    |
| 2003 | 许云         | 女     |  22  |    2    |
| 3001 | 张云龙       | 男     |  19  |    3    |
+------+--------------+--------+------+---------+
7 rows in set (0.00 sec)
```

从结果可以看出，该语句指示 MySQL 返回第 2 条记录之后的 7 条记录。

注意 >>> LIMIT 语句是 MySQL 特有的功能。

4.2.4 NULL 值的处理

在数据表中，可能存在一些字段值为 NULL。NULL 既不是 0 也不是空值，是一种比较特殊的情况，用=NULL 或者!=NULL 判断结果是错误的。

MySQL 提供了一个专门针对 NULL 查询的关键字 IS [NOT] NULL。

语法格式：

```
SELECT COLUMN1,COLUMN2,...FROM table_name WHERE COLUMN IS [NOT] NULL;
```

主要参数介绍如下。

- COLUMN：表示需要查询的字段名称。
- WHERE 子句中的 COLUMN：表示需要过滤的字段。
- NOT：是可选的，使用 NOT 关键字可以判断不为 NULL 的值。

接下来通过具体案例演示查询中 NULL 值的处理。

【例 4-15】查询 t_student 学生信息表中年龄为空的学生数据。

代码如下：

```
mysql> SELECT * FROM t_student WHERE age IS NULL;
+------+--------------+--------+------------+------+---------+------------+
| id   | student_name | gender | birthday   | age  | classID | begin_year |
+------+--------------+--------+------------+------+---------+------------+
| 1005 | 司志清       | 男     | 2003-10-14 | NULL |    1    |    2023    |
| 2002 | 刘帅兵       | 男     | 2001-10-14 | NULL |    2    |    2023    |
+------+--------------+--------+------------+------+---------+------------+
2 rows in set (0.00 sec)
```

【例 4-16】查询 t_student 学生信息表中年龄不为空的学生数据。

代码如下:

```
mysql> SELECT * FROM t_student WHERE age IS NOT NULL;
+------+--------------+--------+------------+------+---------+------------+
| id   | student_name | gender | birthday   | age  | classID | begin_year |
+------+--------------+--------+------------+------+---------+------------+
| 1001 | 张耀仁       | 男     | 2003-02-21 | 20   | 1       | 2023       |
| 1002 | 李启全       | 男     | 2002-06-21 | 21   | 1       | 2023       |
| 1003 | 许名瑶       | 女     | 2002-02-11 | 21   | 1       | 2023       |
| 1004 | 章涵         | 男     | 2003-11-07 | 20   | 1       | 2023       |
| 2001 | 马云博       | 男     | 2002-10-14 | 21   | 2       | 2023       |
| 2003 | 许云         | 女     | 2001-10-14 | 22   | 2       | 2023       |
| 3001 | 张云龙       | 男     | 2004-09-14 | 19   | 3       | 2023       |
| 3002 | 刘帅兵       | 男     | 2005-05-14 | 18   | 3       | 2023       |
| 3003 | 李子墨       | 女     | 2003-02-14 | 20   | 3       | 2023       |
+------+--------------+--------+------------+------+---------+------------+
9 rows in set (0.00 sec)
```

从以上执行结果可以看出,使用 IS NULL 和 IS NOT NULL 关键字查询出了年龄为空和不为空的学生信息。

4.2.5　使用 IN 及 NOT IN 的查询

MySQL 中的 IN 和 NOT IN 是两个常用的关键字,用于判定指定列的值是否在一组值中存在或不存在,并返回符合条件的结果集。借助这两个关键字可以快速、有效地查询和组织数据,通常用于复杂的数据检索或查询操作中。以下是具体的语法格式:

```
SELECT 字段名1,字段名2,...FROM 表名 WHERE 字段名 [NOT] IN (元素1,元素2,...);
```

主要参数介绍如下。

* 字段名 1、字段名 2:表示需要查询的字段名称。
* WHERE 子句中的字段名:表示需要过滤的字段。
* NOT:可选,表示不在集合范围内。
* 元素 1、元素 2:是集合中的元素。

接下来通过具体案例演示带 IN 及 NOT IN 关键字的查询。

【例 4-17】查询 t_student 表中学号为 1001、1002、1003 的学生信息。

代码如下:

```
mysql> SELECT * FROM t_student WHERE id IN(1001,1002,1003);
+------+--------------+--------+------------+------+---------+------------+
| id   | student_name | gender | birthday   | age  | classID | begin_year |
+------+--------------+--------+------------+------+---------+------------+
| 1001 | 张耀仁       | 男     | 2003-02-21 | 20   | 1       | 2023       |
| 1002 | 李启全       | 男     | 2002-06-21 | 21   | 1       | 2023       |
| 1003 | 许名瑶       | 女     | 2002-02-11 | 21   | 1       | 2023       |
+------+--------------+--------+------------+------+---------+------------+
3 rows in set (0.00 sec)
```

从以上结果可以看到，使用 IN 关键字查询出了学号为 1001、1002、1003 的学生信息。

【例 4-18】查询 t_student 表中年龄不为 18、19 的学生信息。

代码如下：

```
mysql> SELECT * FROM t_student WHERE age NOT IN(18,19);
+------+--------------+--------+------------+------+---------+------------+
| id   | student_name | gender | birthday   | age  | classID | begin_year |
+------+--------------+--------+------------+------+---------+------------+
| 1001 | 张耀仁       | 男     | 2003-02-21 | 20   | 1       | 2023       |
| 1002 | 李启全       | 男     | 2002-06-21 | 21   | 1       | 2023       |
| 1003 | 许名瑶       | 女     | 2002-02-11 | 21   | 1       | 2023       |
| 1004 | 章涵         | 男     | 2003-11-07 | 20   | 1       | 2023       |
| 2001 | 马云博       | 男     | 2002-10-14 | 21   | 2       | 2023       |
| 2003 | 许云         | 女     | 2001-10-14 | 22   | 2       | 2023       |
| 3003 | 李子墨       | 女     | 2003-02-14 | 20   | 3       | 2023       |
+------+--------------+--------+------------+------+---------+------------+
7 rows in set (0.00 sec)
```

从以上结果可以看到，使用 NOT IN 关键字查询出了年龄不为 18、19 的学生信息。

4.2.6 使用 BETWEEN AND 的查询

MySQL 中的 BETWEEN AND 关键字是一个常用的条件表达式，可以用于查询指定列的值是否在指定范围之内，若不在指定范围内，则会被过滤掉。这个功能可以在需要查询特定范围内的数据的时候使用，具有很高的灵活性和可定制性。

具体语法格式如下：

```
SELECT 字段名1,字段名2,...FROM 表名 WHERE 字段名 [NOT] BETWEEN 值1 AND 值2;
```

主要参数介绍如下。

- 字段名 1、字段名 2：表示需要查询的字段名称。
- WHERE 子句中的字段名：表示需要过滤的字段。
- NOT：是可选的，使用 NOT 表示不在指定范围内。
- 值 1、值 2：表示范围，其中值 1 为该范围的起始值，值 2 为该范围的结束值。

接下来通过具体案例演示带 BETWEEN AND 关键字的查询。

【例 4-19】查询 t_student 表中年龄在 21~22 岁的学生信息。

代码如下：

```
mysql> SELECT * FROM t_student WHERE age BETWEEN 21 AND 22;
+------+--------------+--------+------------+------+---------+------------+
| id   | student_name | gender | birthday   | age  | classID | begin_year |
+------+--------------+--------+------------+------+---------+------------+
| 1002 | 李启全       | 男     | 2002-06-21 | 21   | 1       | 2023       |
| 1003 | 许名瑶       | 女     | 2002-02-11 | 21   | 1       | 2023       |
| 2001 | 马云博       | 男     | 2002-10-14 | 21   | 2       | 2023       |
| 2003 | 许云         | 女     | 2001-10-14 | 22   | 2       | 2023       |
+------+--------------+--------+------------+------+---------+------------+
4 rows in set (0.00 sec)
```

从以上结果可以看到，使用 BETWEEN AND 关键字查询出了年龄在 21~22 岁的学生信息。

【例 4-20】查询 t_student 表中年龄不在 21~22 岁的学生信息。

代码如下：

```
mysql> SELECT * FROM t_student WHERE age NOT BETWEEN 21 AND 22;
+------+--------------+--------+------------+------+---------+------------+
| id   | student_name | gender | birthday   | age  | classID | begin_year |
+------+--------------+--------+------------+------+---------+------------+
| 1001 | 张耀仁       | 男     | 2003-02-21 | 20   | 1       | 2023       |
| 1004 | 章涵         | 男     | 2003-11-07 | 20   | 1       | 2023       |
| 3001 | 张云龙       | 男     | 2004-09-14 | 19   | 3       | 2023       |
| 3002 | 刘帅兵       | 男     | 2005-05-14 | 18   | 3       | 2023       |
| 3003 | 李子墨       | 女     | 2003-02-14 | 20   | 3       | 2023       |
+------+--------------+--------+------------+------+---------+------------+
5 rows in set (0.00 sec)
```

从以上结果可以看到，使用 NOT BETWEEN AND 关键字查询出了年龄不在 21~22 岁的学生信息。

4.3 使用 ORDER BY 进行查询排序

对于查询结果，若需要进行排序显示，可以使用 ORDER BY 完成排序功能，可按照一个或多个字段进行升序或降序排列。

4.3.1 单列排序

单列排序是指按表中某一列进行排序，即 ORDER BY 子句后只有一个列名。

语法格式：

```
SELECT 字段名1,字段名2,...FROM 表名 ORDER BY 字段名1 [ASC|DESC];
```

主要参数介绍如下。
- 字段名 1：表示需要查询的字段名称。
- ORDER BY 关键字后的字段名：表示指定需要排序的字段。
- ASC：可选项，代表升序排序，不写该参数时默认按升序排序。
- DESC：可选项，代表降序排序。

接下来通过具体案例演示带 ORDER BY 关键字的排序查询。

【例 4-21】按照学生的年龄以升序进行排序查询。

代码如下：

```
mysql> SELECT * FROM t_student ORDER BY age ASC;
+------+--------------+--------+------------+------+---------+------------+
| id   | student_name | gender | birthday   | age  | classID | begin_year |
+------+--------------+--------+------------+------+---------+------------+
| 1005 | 司志清       | 男     | 2003-10-14 | NULL | 1       | 2023       |
| 2002 | 刘帅兵       | 男     | 2001-10-14 | NULL | 2       | 2023       |
| 3002 | 刘帅兵       | 男     | 2005-05-14 | 18   | 3       | 2023       |
```

```
| 3001 | 张云龙        | 男       | 2004-09-14 |  19  |    3    |    2023    |
| 1001 | 张耀仁        | 男       | 2003-02-21 |  20  |    1    |    2023    |
| 1004 | 章涵          | 男       | 2003-11-07 |  20  |    1    |    2023    |
| 3003 | 李子墨        | 女       | 2003-02-14 |  20  |    3    |    2023    |
| 1002 | 李启全        | 男       | 2002-06-21 |  21  |    1    |    2023    |
| 1003 | 许名瑶        | 女       | 2002-02-11 |  21  |    1    |    2023    |
| 2001 | 马云博        | 男       | 2002-10-14 |  21  |    2    |    2023    |
| 2003 | 许云          | 女       | 2001-10-14 |  22  |    2    |    2023    |
+------+--------------+--------+------------+------+--------+------------+
11 rows in set (0.00 sec)
```

从以上结果可以看到，查询结果中的学生信息按 age 字段升序排序。

【例4-22】按照学生的年龄以降序进行排序查询。

代码如下：

```
mysql> SELECT * FROM t_student ORDER BY age DESC;
+------+--------------+--------+------------+------+--------+------------+
| id   | student_name | gender | birthday   | age  | classID| begin_year |
+------+--------------+--------+------------+------+--------+------------+
| 2003 | 许云          | 女      | 2001-10-14 |  22  |    2   |    2023    |
| 1002 | 李启全        | 男      | 2002-06-21 |  21  |    1   |    2023    |
| 1003 | 许名瑶        | 女      | 2002-02-11 |  21  |    1   |    2023    |
| 2001 | 马云博        | 男      | 2002-10-14 |  21  |    2   |    2023    |
| 1001 | 张耀仁        | 男      | 2003-02-21 |  20  |    1   |    2023    |
| 1004 | 章涵          | 男      | 2003-11-07 |  20  |    1   |    2023    |
| 3003 | 李子墨        | 女      | 2003-02-14 |  20  |    3   |    2023    |
| 3001 | 张云龙        | 男      | 2004-09-14 |  19  |    3   |    2023    |
| 3002 | 刘帅兵        | 男      | 2005-05-14 |  18  |    3   |    2023    |
| 1005 | 司志清        | 男      | 2003-10-14 | NULL |    1   |    2023    |
| 2002 | 刘帅兵        | 男      | 2001-10-14 | NULL |    2   |    2023    |
+------+--------------+--------+------------+------+--------+------------+
11 rows in set (0.00 sec)
```

从以上结果可以看到，查询结果中的学生信息按 age 字段降序排序。

注意 》》 在数据中，NULL 值比所有的值都要小。

4.3.2 多列排序

按照多个字段进行排序即先按照第一个字段排序结束之后，若排序字段出现了相同的值，此时可按照第二字段进行排序。

【例4-23】按照年龄从大到小降序排序，若出现同岁的学生，则按照出生日期从小到大降序进行排列。

代码如下：

```
mysql> SELECT * FROM t_student ORDER BY age DESC,birthday ASC;
+------+--------------+--------+------------+------+--------+------------+
| id   | student_name | gender | birthday   | age  | classID| begin_year |
+------+--------------+--------+------------+------+--------+------------+
| 2003 | 许云          | 女      | 2001-10-14 |  22  |    2   |    2023    |
```

1003	许名瑶	女	2002-02-11	21	1	2023
1002	李启全	男	2002-06-21	21	1	2023
2001	马云博	男	2002-10-14	21	2	2023
3003	李子墨	女	2003-02-14	20	3	2023
1001	张耀仁	男	2003-02-21	20	1	2023
1004	章涵	男	2003-11-07	20	1	2023
3001	张云龙	男	2004-09-14	19	3	2023
3002	刘帅兵	男	2005-05-14	18	3	2023
2002	刘帅兵	男	2001-10-14	NULL	2	2023
1005	司志清	男	2003-10-14	NULL	1	2023

```
+------+-------------+--------+------------+------+---------+------------+
11 rows in set (0.00 sec)
```

本章总结

MySQL 中的数据查询涉及多个关键知识点，包括简单查询、条件查询、空值处理、排序等。读者需要掌握以下知识点。

- 简单查询：使用 SELECT 关键字进行最基础的数据查询操作，可以指定要查询的列，也可以使用通配符来查询所有列。
- 条件查询：使用 WHERE 子句进行条件查询，可以使用多个运算符(例如>、<、=等)来限定条件，以及使用 IN、NOT IN、BETWEEN AND 等查询数据。
- DISTINCT 关键字：使用 DISTINCT 关键字消除重复行，并只返回唯一的行。
- LIMIT 子句：通过使用 LIMIT 子句来限定查询返回的数据行数，可以灵活地控制数据输出。
- NULL 值处理：使用 IS NULL 和 IS NOT NULL 关键字分别判断查询结果中是否有空值。
- 排序查询：使用 ORDER BY 子句来实现查询结果的排序，可以指定升/降序的排序方式。

上机练习

上机练习一　添加分数表信息

1. 训练技能点

INSERT 语句的使用。

2. 任务描述

使用 INSERT 语句向 t_score 表(见图 4-1)中添加如图 4-2 所示的数据，为下一章知识点的讲解及练习做好准备工作。

t_score表结构

t_score		
属性	数据类型	描述
id	INT	主键，唯一标识符，自增
exam_score	INT	课程分数,检查约束 （exam_score>0 and exam_score<=100）
studentID	INT	外键，学生唯一标识符
courseID	INT	外键，课程唯一标识符

图 4-1 t_score 表结构

t_score 表数据如图 4-2 所示。

id	exam_score	studentID	courseID
1	90	1001	1
2	80	1001	2
3	88	1001	3
4	40	1002	1
5	55	1002	2
6	66	1002	3
7	78	1003	1
8	89	1003	2
9	95	1003	3
10	77	1004	1
11	79	1004	2
12	80	1004	3
13	60	1005	1
14	66	1005	2
15	58	1005	3
16	48	2001	1
17	49	2001	2
18	50	2001	3
19	89	2002	1
20	85	2002	2
21	92	2002	3
22	89	2003	1
23	98	2003	2
24	99	2003	3

图 4-2 t_score 表数据

3. 做一做

根据任务的描述进行项目实训，检查学习效果。

上机练习二 SELECT 简单查询练习

1. 训练技能点

SELECT 查询语句的使用。

2. 任务描述

(1) 使用 SELECT 全表查询知识点，完成对 t_student 表中所有数据的查询。

(2) 使用 SELECT 限定列查询知识点，完成对 t_student 表中指定字段 student_name 和 age 的查询。

3. 做一做

根据任务的描述进行项目实训，检查学习效果。

上机练习三　指定条件完成表中信息查询

1. 训练技能点

指定条件来查询表中所有或指定字段信息。

2. 任务描述

(1) 借助 WHERE 关键字及运算符，查询 t_student 表中所有年龄大于 20 岁的学生信息。

(2) 借助 WHERE 关键字及运算符，查询 t_student 表中所有性别为女的学生信息。

(3) 借助 WHERE 及 NOT NULL 关键字，查询 t_student 表中所有年龄不为 NULL 的学生信息。

3. 做一做

根据任务的描述进行项目实训，检查学习效果。

上机练习四　WHERE 中的其他关键字

1. 训练技能点

WHERE 条件中 IN、LIMIT、BETWEEN...AND、ORDER BY 的用法。

2. 任务描述

(1) 使用 BETWEEN...AND 查询 t_student 表中年龄在 19 至 21 岁的学生信息。

(2) 使用 LIMIT 关键字查询 t_student 表中第 5 条到第 8 条的信息。

(3) 使用 ORDER BY 关键字按照学生年龄升序排序。

3. 做一做

根据任务的描述进行项目实训，检查学习效果。

巩固练习

一、选择题

1. 以下不是逻辑运算符的是(　　)。

A. NOT　　　　　　　　　　B. AND

C. OR　　　　　　　　　　 D. IN

2. MySQL 中可以使用( )判断某个字段的值是否在指定范围内，若不在则会被过滤。

    A. AND   B. BETWEEN AND

    C. IN   D. LIKE

3. MySQL 中使用( )可以去除重复数据。

    A. DISTINCT   B. OR

    C. IN   D. NULL

4. MySQL 中使用( )可以限定查询返回的结果集条数。

    A. ORDER BY   B. NOT IN

    C. LIMIT   D. BETWEEN AND

二、填空题

1. MySQL 从数据表中查询数据的基础语句是＿＿＿＿＿＿语句。

2. SELECT 语句可以指定字段查询，根据指定的字段查询表中的＿＿＿＿＿＿。

3. 在 SELECT 语句中可以使用＿＿＿＿子句指定查询条件，从而查询筛选后的数据。

4. MySQL 中提供了＿＿＿＿＿用于对查询结果进行排序。

 读书笔记

模糊查询与分组查询　第**5**章

在前面的章节中，介绍了查询的基本用法，本章将介绍模糊查询和分组查询的相关知识，主要包括通配符和模糊查询语句的使用方法、常见的函数以及如何运用 GROUP BY 和 HAVING 子句来实现分组查询等操作。为了帮助读者深入了解这些内容，本章提供了详尽易懂的讲解和示例。

学习目标

- 掌握 LIKE 模糊查询
- 掌握 MySQL 中常见的函数
- 掌握分组查询的用法
- 掌握 HAVING 子句

5.1 模糊查询

当查询条件是确定的时，从数据库中筛选数据时会进行精确匹配。当用户想要查找的数据条件不确定时，从数据库筛选数据时需要进行模糊匹配，这种查询被称为模糊查询。例如只查询姓"王"的学生信息就是典型的模糊查询。

5.1.1 LIKE 和 REGEXP

1. 模糊匹配的语法

精准查询和模糊查询的区别在于 WHERE 子句条件表达式的条件部分，模糊查询通过在条件部分使用关键字 LIKE 或 REGEXP 结合通配符来实现。

具体语法格式如下：

```
SELECT 字段 FROM 表名 WHERE 字段名 [NOT] LIKE/REGEXP '表达式';
```

主要参数介绍如下。
- WHERE 子句中的字段名：表示需要过滤的字段。
- NOT：是可选的，使用 NOT 则表示查询与表达式字符串不匹配的值。
- '表达式'：用来指定要匹配的表达式字符串。这个字符串可以是一个普通字符串，也可以是包含通配符的字符串。

2. 关键字的用法区别

关键字 LIKE、REGEXP 都可以用来进行模糊匹配，但两者具体的含义不尽相同，具体的用法及区别如下。

(1) LIKE：格式是 A LIKE B，A 通常情况下是字段名，B 通常情况下是表达式，表示能否用 B 去完全匹配 A 的内容，简单来讲 LIKE 是从头逐一字符匹配的，是全部匹配。

(2) REGEXP：格式是 A REGEXP B，A 通常情况下是字段名，B 通常情况下是表达式，表示 A 里面只要含有 B 即可。

5.1.2 通配符

1. 通配符号

(1) "_"表示任意单个字符，如果要标识精确个数可以用该通配符。
(2) "%"表示任意(零个或多个)数量的字符。
(3) 要想在表达式中匹配通配符本身"_"和"%"或者";"，就需要对其进行转义。以"%"为例，用"\%"(匹配一个%字符)，即把有特殊意义的符号当成它们本身的字符使用时，需要用反斜杠对其转义。

2. 通配符的使用

(1) %的使用。
【例 5-1】查询 t_student 表中姓"张"的学生信息。

```
mysql> SELECT id,student_name,gender,age FROM t_student WHERE student_name LIKE
'张%';
+------+--------------+--------+------+
| id   | student_name | gender | age  |
+------+--------------+--------+------+
| 1001 | 张耀仁       | 男     |   20 |
| 3001 | 张云龙       | 男     |   19 |
+------+--------------+--------+------+
2 rows in set (0.00 sec)
```

说明：'张%'表示以"张"字开头，后面的内容有零个或者多个字符。

【例 5-2】查询 t_student 表中学生姓名包含"云"字的学生信息。

--使用 LIKE 关键字进行模糊查询

```
mysql> SELECT id,student_name,gender,age FROM t_student WHERE student_name LIKE
'%云%';
+------+--------------+--------+------+
| id   | student_name | gender | age  |
+------+--------------+--------+------+
| 2001 | 马云博       | 男     |   21 |
| 2003 | 许云         | 女     |   22 |
| 3001 | 张云龙       | 男     |   19 |
+------+--------------+--------+------+
3 rows in set (0.00 sec)
```

--使用 REGEXP 关键字进行模糊查询

```
mysql>SELECT id,student_name,gender,age FROM t_student WHERE student_name REGEXP'
云';
+------+--------------+--------+------+
| id   | student_name | gender | age  |
+------+--------------+--------+------+
| 2001 | 马云博       | 男     |   21 |
| 2003 | 许云         | 女     |   22 |
| 3001 | 张云龙       | 男     |   19 |
+------+--------------+--------+------+
3 rows in set (0.01 sec)
```

说明：'%云%'表示只要有"云"字就可以匹配。注意 LIKE 和 REGEXP 这两种用法的区别。

【例 5-3】查询 t_student 表中学生姓名以"清"字结尾的学生信息。

```
mysql> SELECT id,student_name,gender,age FROM t_student WHERE student_name LIKE
'%清';
+------+--------------+--------+------+
| id   | student_name | gender | age  |
+------+--------------+--------+------+
| 1005 | 司志清       | 男     | NULL |
+------+--------------+--------+------+
1 row in set (0.00 sec)
```

说明：'%清'表示以"清"字结尾的内容，前面可以有零个或者多个字符。

(2) _的使用。

【例 5-4】查询 t_student 表中姓名中只含两个字且姓许的同学信息。

```
mysql> SELECT * FROM t_student WHERE student_name LIKE '许_';
+------+--------------+--------+------------+------+--------+------------+
| id   | student_name | gender | birthday   | age  | classID| begin_year |
+------+--------------+--------+------------+------+--------+------------+
| 2003 | 许云         | 女     | 2001-10-14 | 22   | 2      | 2023       |
+------+--------------+--------+------------+------+--------+------------+
1 row in set (0.00 sec);
```

说明：一个 "_" 代表一个占位符，'许_'表示以"许"字开头，后面必须有且只有一个字符。

【例 5-5】查询 t_student 表中姓名中含三个字且姓"许"的学生信息。

```
mysql> SELECT * FROM t_student WHERE student_name LIKE '许__';
+------+--------------+--------+------------+------+--------+------------+
| id   | student_name | gender | birthday   | age  | classID| begin_year |
+------+--------------+--------+------------+------+--------+------------+
| 1003 | 许名瑶       | 女     | 2002-02-11 | 21   | 1      | 2023       |
+------+--------------+--------+------------+------+--------+------------+
row in set (0.00 sec)
```

说明：'许__'表示以"许"字开头，后面两个 "_" 表示许后面必须有两个字符。

(3) 转义符的使用。

t_student 表中学生姓名若含有 "_" "%" ";" 字符，若想要查询此类信息，就必须使用转义符。

【例 5-6】查询 t_student 表中姓名包含 "_" 的学生信息。

```
mysql> SELECT id,student_name,gender,age FROM t_student WHERE student_name LIKE '%\_%';
+------+--------------+--------+------+
| id   | student_name | gender | age  |
+------+--------------+--------+------+
| 3004 | 张_均        | 男     | 20   |
+------+--------------+--------+------+
1 row in set (0.00 sec)
```

注意 >>> ① 注意大小写。在使用模糊匹配时，也就是匹配文本时，MySQL 默认配置是不区分大小写的。当使用其他的 MySQL 数据库时，要注意是否区分大小写，是否区分大小写取决于用户对 MySQL 的配置方式。
② 注意 NULL。%通配符可以匹配任意字符，但是不能匹配 NULL。

5.2 内置函数查询

MySQL 内部提供了已经定义好的、可以直接使用的函数，即内置函数。使用内置函数有助于简化 SQL 查询语句，同时提供了更为便捷的数据处理和转换方式。

所有函数都可以在 MySQL 官网查询，在本小节中仅介绍一些常用的函数。从实现的功能角度，这些内置函数大概可以分为字符串函数、日期时间函数、数学函数、系统函数、聚合函数等。

5.2.1　字符串函数

字符串函数用于处理和操作文本数据，包括字符串截取、连接、替换等操作。这些函数可以帮助我们更高效地操作文本数据，提升工作效率。常用的字符串函数如表 5-1 所示。

表 5-1　常用的字符串函数

函数名	函数功能
CONCAT()	拼接成字符串
LENGTH()	返回字符串的长度
UPPER()	将字符串转为大写
LTRIM()	去除字符串左边的空格
RTRIM()	去除字符串右边的空格
TRIM()	去除字符串左右两边的空格
REPLACE()	字符串值的替换
SUBSTRING()	从第 n 个位置开始截取长度为 m 的字符串

【例 5-7】查询学生信息表中姓名、年龄列数据，并使用 CONCAT 函数将每位同学年龄后面拼接上"岁"字(查询结果返回前 5 条即可)。

代码如下：

```
mysql> SELECT student_name AS 姓名,CONCAT(age,'岁') AS 年龄 FROM t_student LIMIT 5;
+--------+------+
| 姓名   | 年龄  |
+--------+------+
| 张耀仁 | 20 岁 |
| 李启全 | 21 岁 |
| 许名瑶 | 21 岁 |
| 章涵   | 20 岁 |
| 司志清 | NULL |
+--------+------+
5 rows in set (0.00 sec)
```

【例 5-8】使用 UPPER 函数将字符串"hello"转为大写。

代码如下：

```
mysql> SELECT UPPER('hello');
+---------------+
| UPPER('hello') |
+---------------+
| HELLO         |
+---------------+
1 row in set (0.00 sec)
```

【例 5-9】使用 TRIM 函数去除"MySQL"字符串左右的空格。

代码如下：

```
mysql> SELECT TRIM(' MySQL ');
```

```
+-----------------+
| TRIM(' MySQL ') |
+-----------------+
| MySQL           |
+-----------------+
1 row in set (0.00 sec)
```

【例 5-10】使用 REPLACE 函数将字符串"hello"中的 l 替换为 c。
代码如下：

```
mysql> SELECT REPLACE('hello','l','c');
+--------------------------+
| REPLACE('hello','l','c') |
+--------------------------+
| hecco                    |
+--------------------------+
1 row in set (0.00 sec)
```

【例 5-11】使用 LENGTH 函数获取 t_student 表中学生姓名的长度(查询结果返回前 5 条即可)。
代码如下：

```
mysql>SELECT student_name AS 姓名,LENGTH(student_name)AS 长度 FROM t_student LIMIT 5;
+--------+------+
| 姓名   | 长度 |
+--------+------+
| 张耀仁 |    9 |
| 李启全 |    9 |
| 许名瑶 |    9 |
| 章涵   |    6 |
| 司志清 |    9 |
+--------+------+
5 rows in set (0.00 sec)
```

【例 5-12】使用 SUBSTRING 函数截取 t_student 表中学生姓名的前两个字(查询结果返回前 5
条即可)。
代码如下：

```
mysql> SELECT SUBSTRING(student_name,1,2) FROM t_student LIMIT 5;
+-----------------------------+
| SUBSTRING(student_name,1,2) |
+-----------------------------+
| 张耀                        |
| 李启                        |
| 许名                        |
| 章涵                        |
| 司志                        |
+-----------------------------+
5 rows in set (0.00 sec)
```

5.2.2　日期时间函数

日期时间函数用于处理和操作时间数据,包括日期转换、日期计算、日期格式化等操作。常见的时间数据类型包括 DATE、DATETIME 和 TIMESTAMP。

DATE 类型用于存储日期数据,其格式为'YYYY-MM-DD',表示年月日。DATE 类型的取值范围是从'1000-01-01'到'9999-12-31',它可以用于存储年、月、日等信息,例如出生日期、发布日期等。

DATETIME 类型用于存储日期时间数据,其格式为'YYYY-MM-DD HH:MM:SS',表示年月日时分秒。DATETIME 类型的取值范围是从'1000-01-01 00:00:00'到'9999-12-31 23:59:59',它可以用于存储年、月、日、时、分、秒等信息,例如事件发生时间、订单创建时间等。

TIMESTAMP 类型用于存储时间戳数据,其格式为'YYYY-MM-DD HH:MM:SS',也表示年月日时分秒。TIMESTAMP 类型的取值范围是从'1970-01-01 00:00:01'到'2038-01-19 03:14:07',它可以用于存储时间戳信息,例如记录数据插入或修改的时间。

1. 获取当前日期和时间函数

这三种时间类型的主要区别在于存储范围和存储方式,选择何种类型取决于具体需求。一些常用的获取当前日期和时间的函数的介绍如表 5-2 所示。

表 5-2　获取当前日期、时间的函数

函数名	函数功能
NOW()	获取系统当前的日期和时间
CURDATE()或 CURRENT_DATE()	获取系统当前的日期
CURTIME()或 CURRENT_TIME()	获取系统当前的时间

【例 5-13】使用 NOW 函数获取系统当前的日期和时间。

代码如下:

```
mysql> SELECT NOW();
+---------------------+
| NOW()               |
+---------------------+
| 2023-05-05 19:06:30 |
+---------------------+
1 row in set (0.00 sec)
```

【例 5-14】使用 CURDATE 函数获取系统当前的日期。

代码如下:

```
mysql> SELECT CURDATE();
+------------+
| CURDATE()  |
+------------+
| 2023-05-05 |
+------------+
1 row in set (0.00 sec)
```

【例 5-15】使用 CURTIME 函数获取系统当前的时间。

代码如下：

```
mysql> SELECT CURTIME();
+-----------+
| CURTIME() |
+-----------+
| 19:09:02  |
+-----------+
1 row in set (0.00 sec)
```

2. 获取日期、时间指定部分的函数

除了上述用于获取当前日期和时间的函数外，还有一些用于获取日期或时间指定部分的函数，如表 5-3 所示。

表 5-3 常用的获取日期、时间指定部分的函数

函数名	函数功能
MONTH(DATE)	返回日期对应的月份(数字类型，返回 1 到 12 的整数)
MONTHNAME(DATE)	返回月份的英文全名
DAYNAME(DATE)	返回日期对应的工作日的英文名称
DAYOFWEEK(DATE)	返回日期对应的一周中的索引。1 表示周日，2 表示周一……
WEEKDAY(DATE)	返回日期对应的工作日索引。0 表示周一，1 表示周二，……，6 表示周日
WEEK(DATE)	计算日期是一年中的第几周，范围从 0 到 53
WEEKOFYEAR(DATE)	计算日期是一年中的第几周，范围从 1 到 53
DAYOFYEAR(DATE)	计算日期是一年中的第几天，范围从 1 到 366
DAYOFMONTH(DATE)	计算日期是一个月中的第几天，范围从 1 到 31
YEAR(DATE)	返回日期中年份，范围从 1000 到 9999
QUARTER(DATE)	返回日期对应的一年中的季度值，范围从 1 到 4
MINUTE(TIME)	返回时间的分钟部分，范围从 0 到 59
SECOND(TIME)	返回时间的秒钟部分，范围从 0 到 59

【例 5-16】使用 MONTH 函数获取系统当前时间的月份信息。

代码如下：

```
mysql> SELECT MONTH(NOW());
+--------------+
| MONTH(NOW()) |
+--------------+
|            5 |
+--------------+
1 row in set (0.00 sec)
mysql> SELECT MONTHNAME(CURDATE());
+---------------------+
| MONTHNAME(CURDATE()) |
+---------------------+
```

```
| May                 |
+--------------------+
1 row in set (0.00 sec)
```

【例 5-17】使用 DAYNAME 函数获取日期对应的工作日的英文名称。

代码如下：

```
mysql> SELECT DAYNAME(CURDATE());
+------------------+
| DAYNAME(CURDATE()) |
+------------------+
| Friday           |
+------------------+
1 row in set (0.00 sec)
```

【例 5-18】使用 DAYOFWEEK 函数获取日期对应的一周中的索引。1 表示周日，2 表示周一，以此类推。

代码如下：

```
mysql> SELECT DAYOFWEEK(CURDATE());
+--------------------+
| DAYOFWEEK(CURDATE()) |
+--------------------+
|                  6 |
+--------------------+
1 row in set (0.00 sec)
```

【例 5-19】使用 WEEKDAY 函数获取日期对应的工作日索引。0 表示周一，1 表示周二，以此类推。

代码如下：

```
mysql> SELECT WEEKDAY(CURDATE());
+------------------+
| WEEKDAY(CURDATE()) |
+------------------+
|                4 |
+------------------+
1 row in set (0.00 sec)
```

【例 5-20】使用 WEEK 或 WEEKOFYEAR 函数计算日期是一年中的第几周。

代码如下：

```
mysql>  SELECT WEEK(CURDATE());
+---------------+
| WEEK(CURDATE()) |
+---------------+
|            18 |
+---------------+
1 row in set (0.00 sec)
mysql> SELECT WEEKOFYEAR(CURDATE());
+--------------------+
| WEEKOFYEAR(CURDATE()) |
+--------------------+
```

```
|                   18    |
+---------------------+
1 row in set (0.00 sec)
```

【例 5-21】使用 DAYOFMONTH 函数计算日期是一个月中的第几天。

代码如下：

```
mysql> SELECT DAYOFMONTH(CURDATE());
+---------------------+
| DAYOFMONTH(CURDATE()) |
+---------------------+
|                   5   |
+---------------------+
1 row in set (0.00 sec)
```

3. 计算日期和时间的函数

用于计算日期和时间的函数，如表 5-4 所示。

表 5-4　常用计算日期和时间的函数

函数名	函数功能
NOW()	获得当前日期+时间格式
DATE_ADD()	为日期增加一个时间间隔
ADDDATE()	可以用 DATE_ADD() 来替代，用法一致
DATE_SUB()	为日期减少一个时间间隔
SUBDATE()	可以用 DATE_SUB() 来替代，用法一致
ADDTIME()	可以用 DATE_ADD() 来替代，用法一致
DATEDIFF()	日期时间相减函数

【例 5-22】使用 DATE_ADD 函数为当前时间增加 1 天的时间间隔。

代码如下：

```
mysql> SELECT DATE_ADD(NOW(),interval 1 day);
+---------------------------+
| DATE_ADD(@dt,interval 1 day) |
+---------------------------+
| 2023-05-06 20:59:40       |
+---------------------------+
1 row in set (0.00 sec)
```

【例 5-23】使用 DATE_ADD(DATE_SUB)函数为当前时间增加(减少)1 小时的时间间隔。

代码如下：

```
--增加时间间隔 1 小时
mysql> SELECT DATE_ADD(NOW(),interval 1 hour);
+---------------------------+
| DATE_ADD(@dt,interval 1 hour) |
+---------------------------+
| 2023-05-05 21:59:40       |
```

```
+-----------------------------+
1 row in set (0.00 sec)
```

--减少时间间隔 1 小时
```
mysql> SELECT DATE_SUB(NOW(),interval 1 hour);
+-----------------------------+
| DATE_SUB(@dt,interval 1 hour) |
+-----------------------------+
| 2023-05-05 19:59:40          |
+-----------------------------+
1 row in set (0.00 sec)
```

【例 5-24】使用 DATEDIFF 函数完成两个日期时间的相减。

代码如下:

```
mysql> SELECT DATEDIFF('2023-03-25','2023-03-20');
+-----------------------------------+
| DATEDIFF('2023-03-25','2023-03-20') |
+-----------------------------------+
|                                 5 |
+-----------------------------------+
1 row in set (0.00 sec)
```

5.2.3 数学函数

数学函数,用于对数值型数据类型进行数学计算和操作,例如进行四舍五入、向上取整、向下取整、绝对值计算、平方根计算等操作。具体函数介绍如表 5-5 所示。

表 5-5 常用的数学函数

函数名	函数功能
FORMAT(x,y)	将数字 x 保留 y 位小数,并且整数部分用逗号分隔千分位,小数部分进行四舍五入
ABS()	求一个数的绝对值
SQRT()	求一个数的平方根。sqrt 是 square(平方)和 root(根)的缩写
MOD(x,y)	x 是除数,y 是被除数。结果是余数
CEIL()	向上取整
FLOOR()	向下取整
RAND()	用于生成随机数
TRUNCATE(x,y)	不四舍五入,返回 x 保留到小数点后 y 位的值
SIGN()	返回当前结果的符号,如果是负数,则返回-1;如果是 0,则返回 0;如果是正数,则返回 1
POWER()	求幂运算
ROUND()	将数值表达式四舍五入为指定精度

【例 5-25】常用数学函数的使用方法。

代码如下:

--使用 FORMAT 函数对小数进行四舍五入,并保留一位小数

```
mysql> SELECT FORMAT(13.567,1);
+------------------+
| FORMAT(13.567,1) |
+------------------+
| 13.6             |
+------------------+
1 row in set (0.00 sec)
```
--对某个数求绝对值、平方根，取余数
```
mysql> SELECT ABS(-3),SQRT(9),MOD(5,2);
+---------+---------+----------+
| ABS(-3) | SQRT(9) | MOD(5,2) |
+---------+---------+----------+
|       3 |       3 |        1 |
+---------+---------+----------+
1 row in set (0.00 sec)
```
--演示向上取整和向下取整函数
```
mysql> SELECT CEIL(2.1),FLOOR(2.9);
+-----------+------------+
| CEIL(2.1) | FLOOR(2.9) |
+-----------+------------+
|         3 |          2 |
+-----------+------------+
1 row in set (0.00 sec)
```
--演示求随机数函数
```
mysql> SELECT RAND();
+--------------------+
| RAND()             |
+--------------------+
| 0.8654735729708091 |
+--------------------+
1 row in set (0.00 sec)
```
--演示求幂函数
```
mysql> SELECT POWER(2,2);
+------------+
| POWER(2,2) |
+------------+
|          4 |
+------------+
1 row in set (0.00 sec)
```

5.2.4　系统函数

　　系统函数用于获取和处理系统级别的信息。这些函数可以帮助读者了解 MySQL 服务器的状态和配置信息，例如获取当前数据库的名称、获取服务器版本、获取系统参数等。具体函数如表 5-6 所示。

表 5-6　常用的系统函数

函数名	函数功能
DATABASE()	返回当前数据库名
BENCHMARK(count,expr)	将表达式 expr 重复运行 count 次
CONNECTION_ID()	返回当前客户的连接 ID
FOUND_ROWS()	返回最后一个 SELECT 查询进行检索的总行数
VERSION()	返回 MySQL 服务器的版本
USER()、SYSTEM_USER()、SESSION_USER()	获取当前用户名

【例 5-26】获取当前数据库的名字、版本号，以及用户名。

代码如下：

```
mysql> SELECT DATABASE(),VERSION(),USER();
+------------+-----------+----------------+
| DATABASE() | VERSION() | USER()         |
+------------+-----------+----------------+
| school_db  | 8.0.32    | root@localhost |
+------------+-----------+----------------+
1 row in set (0.00 sec)
```

5.2.5　聚合函数

聚合函数用于对数据进行汇总和计算，例如计算成绩总和、年龄最大值、分数平均值等。具体函数如表 5-7 所示。

表 5-7　常用的聚合函数

函数名	函数功能
SUM()	求和，返回指定列值的总和
MAX()	求最大值，返回指定列的最大值
MIN()	求最小值，返回指定列的最小值
AVG()	求平均值，返回指定列的平均值
COUNT()	统计非空个数，返回查询结果的行数

1. SUM 函数

SUM 聚合函数是一种常用的函数，用于计算数值型字段的总和。该函数可以对数据库中指定列的值进行求和操作，并将结果返回为单个值。如果指定列的类型不是数值，则返回计算结果为 0。

【例 5-27】查询学号为"1001"的同学所有科目的总成绩。

代码如下：

```
mysql> SELECT SUM(exam_score) FROM t_score WHERE studentID='1001';
+-----------------+
| SUM(exam_score) |
+-----------------+
|             258 |
+-----------------+
```

```
1 row in set (0.00 sec)
```

【例 5-28】查询所有学生 Java 程序语言基础这门课的成绩总和，查询的列名指定为 "Java 程序语言基础成绩总和"。

代码如下：

```
mysql> SELECT SUM(exam_score) AS Java 程序语言基础成绩总和 FROM t_score WHERE
courseID=1;
+--------------------------+
| Java 程序语言基础成绩总和    |
+--------------------------+
|                     776  |
+--------------------------+
1 row in set (0.00 sec)
```

从以上结果可以看到，使用聚合函数查询命令，其运行机制是先执行 WHERE 子句的部分，然后再对结果集执行聚合函数。

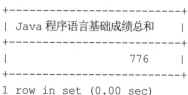 **注意 >>>** (1) 在标准的 SQL 语句中，建议聚合函数最好不要跟普通列一起进行查询。因为聚合函数与普通列的计算方式不同，将它们放在同一个 SELECT 语句中，会导致查询的结果不准确。除此之外聚合函数与普通列的数据类型不同：聚合函数返回的是一个单一的值，而普通列返回的是一组数据，并且聚合函数的运行效率较低，所以为了确保查询结果的准确性和查询效率，建议将聚合函数与普通列分别放在不同的 SELECT 语句中进行查询。
(2) 聚合函数一定是在查询中使用的，作为一个单独的列出现，因为在数据表中不存在这一列，所以一般来说要给这个聚合函数列起一个别名。

2. MAX 函数

MAX 函数主要用于计算指定列中的最大值，如果指定列的值是字符串类型，则将返回字符串排序后最大(后)的值。

【例 5-29】查询 t_score 表中科目编号为 1 的课程的最高成绩。

代码如下：

```
mysql> SELECT MAX(exam_score) AS 最高成绩 FROM t_score WHERE courseID=1;
+----------+
| 最高成绩  |
+----------+
|       90 |
+----------+
1 row in set (0.00 sec)
```

从以上结果可以看出，这门课的最高分为 90 分。

3. MIN 函数

MIN 函数主要用于计算指定列中的最小值，如果指定列是字符串类型，则将使用字符串排序运算。

【例 5-30】查询 t_score 表中科目编号为 1 的课程的最低成绩。

代码如下：

```
mysql> SELECT MIN(exam_score) AS 最低成绩 FROM t_score WHERE courseID=1;
+----------+
| 最低成绩   |
+----------+
|       38 |
+----------+
1 row in set (0.00 sec)
```

从以上结果可以看出，这门课的最低分为 38 分。

4. AVG 函数

AVG 函数主要用于计算指定列的平均值。在数据处理和分析领域中，平均值是一种重要的统计指标，通常用于衡量数据的中心趋势和分布情况。需要注意的是，如果指定列的数据类型不是数值类型，那么计算结果将为 0。

【例 5-31】查询 t_score 表中科目编号为 2 的课程的平均分。

代码如下：

```
mysql> SELECT AVG(exam_score) as 平均分 FROM t_score WHERE courseID=2;
+---------+
| 平均分    |
+---------+
| 72.5455 |
+---------+
1 row in set (0.00 sec)
```

从以上结果可以看出，这门课的平均分为 72.5455 分，若要求保留两位小数，则可以结合数学函数中的 Round 函数来进行四舍五入。

【例 5-32】查询 t_score 表中科目编号为 2 的平均分，并保留两位小数。

代码如下：

```
mysql> SELECT Round(AVG(exam_score),2) as 平均分 FROM t_score WHERE courseID=2;
+--------+
| 平均分   |
+--------+
| 72.55  |
+--------+
1 row in set (0.00 sec)
```

5. COUNT 函数

COUNT 函数主要用于计算指定列的行数或非空值的数量。需要注意的是 COUNT 函数有 3 个可选的参数。

- COUNT(*)：返回的是总行数，包含 NULL 值。
- COUNT(列名)：返回指定列的行数，不包含 NULL 值。
- COUNT(1)：与 COUNT(*)返回的结果相同，但是如果查询的表中没有主键，则使用 COUNT(1)的执行效率会高一些。

【例 5-33】查询 t_student 表中一共有多少学生。

代码如下：

```
mysql> SELECT COUNT(*) FROM t_student;
+----------+
| COUNT(*) |
+----------+
|       11 |
+----------+
1 row in set (0.00 sec)
```

【例 5-34】查询 t_student 表中有年龄信息的学生个数。

代码如下：

```
mysql> SELECT COUNT(age) FROM t_student;
+------------+
| COUNT(age) |
+------------+
|          9 |
+------------+
1 row in set (0.00 sec)
```

注意 ≫ COUNT(列名)会忽略该列中的空值后再进行计数。

5.3 分组查询

GROUP BY 是一种强大的查询语句，它可用于将结果集按照一个或多个列进行分组，并对每个组应用聚合函数。通过使用 GROUP BY，可以轻松地从大量数据中提取并汇总所需信息，使得数据分析更加高效和准确。本小节将介绍 GROUP BY 的基本语法、常见用法以及注意事项，帮助读者更好地理解和运用该语句。

5.3.1 GROUP BY 分组查询

使用 GROUP BY 分组查询的思路如下。
- 确定表和列：首先，要明确需要查询的数据表和需要统计的列。
- 确定分组列：在 GROUP BY 语句中，需要选择一个以上的列作为分组列，用于将数据分组。
- 使用聚合函数：在 GROUP BY 语句中，使用聚合函数对每个分组进行计算。

总的来说，使用 GROUP BY 分组查询需要明确查询需求和目的，选择合适的分组列和聚合函数，以及适当的筛选条件，以便得到准确和有用的查询结果。

【例 5-35】通过分组查询查出每门课程的平均分数。

代码如下：

```
mysql> SELECT courseID,AVG(exam_score) AS 平均分 FROM t_score GROUP BY courseID;
+----------+---------+
| courseID | 平均分   |
+----------+---------+
|        1 | 70.5455 |
|        2 | 72.5455 |
|        3 | 77.3636 |
```

```
+---------+---------+
3 rows in set (0.00 sec)
```

实现思路：

- 确定需要查询的表是成绩表(t_score)，需要的列是课程编号(courseID)和平均值列。
- 确定按照每门课程(courseID)来进行分组查询。
- 确定使用聚合函数 AVG 来对分组后的结果集求平均值。

【例 5-36】通过分组查询查出每班的人数。

代码如下：

```
mysql> SELECT classID,COUNT(*) AS 人数 FROM t_student GROUP BY classID;
+---------+------+
| classID | 人数  |
+---------+------+
|       1 |    5 |
|       2 |    3 |
|       3 |    3 |
+---------+------+
3 rows in set (0.00 sec)
```

实现思路：

- 确定需要查询的表是学生信息表(t_student)，需要的列是班级编号(classID)和对人数计数后的结果列。
- 确定按照班级(classID)来进行分组查询。
- 确定使用聚合函数 COUNT 来对分组后的结果集进行计数统计。

5.3.2 多列分组查询

上文主要涉及的是单列分组查询，在很多业务场景下，还需要用到多列分组查询，例如查询每个班级中男女生的人数，此时就需要先按班级进行分组，然后再对每个班级中的性别进行分组，这样才能得到各班级中男女生的人数。

【例 5-37】通过多列分组查询查出每个班级中男女生的人数。

代码如下：

```
mysql> SELECT classId AS '班级编号',gender AS '性别',COUNT(id) AS '人数' FROM t_student
GROUP BY classID,gender;
+---------+------+------+
| 班级编号   | 性别  | 人数  |
+---------+------+------+
|       1 | 男   |    4 |
|       1 | 女   |    1 |
|       2 | 男   |    2 |
|       2 | 女   |    1 |
|       3 | 男   |    2 |
|       3 | 女   |    1 |
+---------+------+------+
6 rows in set (0.00 sec)
```

实现思路：

- 确定需要查询的表是学生信息表(t_student)，需要的列是班级编号(classID)、性别(gender)和对结果聚合后的人数。
- 确定先按班级(classID)分组，然后再对班级中的性别(gender)进行分组。
- 确定使用聚合函数 COUNT 来对分组后的结果集进行计数统计。

注意 »» 使用 GROUP BY 关键字后，在 SELECT 关键字后面指定的列是有限制的，仅允许以下几项：

- 被分组的列。
- 分组后使用聚合函数产生的列。例如对班级和性别分组后使用 COUNT 聚合函数求出人数后的结果列。

5.3.3 Having 子句——对分组数据进行筛选

HAVING 子句是一种用于在分组数据上进行筛选的查询语句。与 WHERE 子句不同，HAVING 子句可以使用聚合函数来对 GROUP BY 子句中的列进行过滤，以便进一步限制结果集中的行。通常情况下，HAVING 子句用于对分组后的结果进行筛选，例如找出满足某些条件的组，并对这些组进行进一步操作或者展示，而 WHERE 子句则是在分组前对数据进行过滤，所以读者在使用时应该根据具体场景进行选择。

【例 5-38】查询成绩表中成绩总和大于 780 的科目编号及成绩总和。

代码如下：

```
mysql> SELECT courseID,SUM(exam_score) FROM t_score GROUP BY courseID HAVING
SUM(exam_score) > 780;
+----------+-----------------+
| courseID | SUM(exam_score) |
+----------+-----------------+
|        2 |             798 |
|        3 |             851 |
+----------+-----------------+
2 rows in set (0.00 sec)
```

从以上执行结果可以看到，按照每个科目进行分组，查询出了成绩总和大于 780 分的科目编号和成绩总和。需要注意的是 HAVING 和 WHERE 子句都是作为过滤条件出现的，但是执行顺序并不相同，在查询语句中，WHERE、GROUP BY、HAVING、聚合函数、ORDER BY 可以一起使用，执行的次序如下。

1. WHERE 子句：根据 WHERE 子句中的条件对表中的原始数据行进行筛选，过滤掉不符合条件的数据行。

2. GROUP BY 子句：将符合 WHERE 子句筛选条件的数据行按照指定的列进行分组，并将每个分组作为一个整体进行处理。

3. HAVING 子句：对分组后的数据进行筛选，只返回满足 HAVING 子句中条件的分组。

4. SELECT 子句：对每个分组进行聚合函数计算，生成聚合函数结果列，并从分组中选择需要的列，作为最终查询结果的列。

5. ORDER BY 子句：对最终查询结果进行排序，并根据需要指定升序或降序排序。

在执行这些子句的过程中，MySQL 首先对 WHERE 子句进行处理，过滤掉不符合条件的数据行。然后，将符合 WHERE 子句条件的数据行按照 GROUP BY 子句中指定的列进行分组，并对分组后的数据应用 HAVING 子句进行筛选。接下来，对每个分组进行聚合函数计算，生成聚合函数结果列，并从分组中选择需要的列，作为最终查询结果的列。最后，根据需要对查询结果进行排序，返回最终结果。

本章总结

本章学习了常用的几种查询方式，包括模糊查询、内置函数查询、聚合函数查询和分组查询。这些查询方式可以帮助我们更快、更准确地查询需要的数据。本章包含的具体内容如下。

- 模糊查询：使用 LIKE 关键字和通配符来进行模糊匹配查询，能够快速定位符合一定条件的数据。
- 内置函数查询：使用 MySQL 内置的各种函数，如字符串函数、日期时间函数、数学函数等，来对数据进行处理和计算，以满足实际查询需求。
- 聚合函数查询：使用聚合函数，如 SUM、AVG、MAX、MIN、COUNT 等，对表中的数据进行汇总和统计，得出一些重要的统计结果。
- 分组查询：通过 GROUP BY 子句，将数据按照一定的列进行分组，并对每个分组使用聚合函数进行计算，从而得出每个分组的统计结果。对于分组后的结果集的进一步过滤，可以选择使用 HAVING 子句。

在实际查询中，可以根据具体情况选择合适的查询方式，从而快速地得到所需要的数据。

上机练习

上机练习一　使用 LIKE 进行模糊查询

1. 训练技能点

使用 LIKE 关键字进行模糊查询。

2. 任务描述

(1) 使用 LIKE 关键字，查询 t_student 表中姓"张"的学生信息。

(2) 使用 LIKE 关键字，查询 t_student 表中姓"许"且名字只有两个字的学生信息。

3. 做一做

根据任务的描述进行项目实训，检查学习效果。

上机练习二　聚合函数查询

1. 训练技能点

聚合函数的使用。

2. 任务描述

(1) 使用 COUNT 函数查询 t_student 表中学生的总人数。

(2) 使用 SUM 函数查询 t_score 表中学号为 "1004" 的学生的总成绩。

(3) 使用 AVG 函数查询 t_score 表中学号为 "1004" 的学生的成绩平均分。

3. 做一做

根据任务的描述进行项目实训，检查学习效果。

上机练习三　使用分组语句查询

1. 训练技能点

使用 GROUP BY 子句查询。

2. 任务描述

(1) 使用 GROUP BY 子句分组查询出每个班级的总人数。

(2) 使用 GROUP BY 子句分组查询出每个班级中男女生人数各是多少。

3. 做一做

根据任务的描述进行项目实训，检查学习效果。

上机练习四　使用 HAVING 筛选数据

1. 训练技能点

使用 GROUP BY...HAVING 子句进行查询。

2. 任务描述

(1) 使用 GROUP BY...HAVING 子句，查询班级人数超过 3 人的班级 ID 和人数。

(2) 使用 GROUP BY...HAVING 子句，查询去除不及格成绩并且平均分在 70 分以上的记录数据。

3. 做一做

根据任务的描述进行项目实训，检查学习效果。

巩固练习

一、选择题

1. 在 MySQL 中可以使用以下(　　)函数来获取字符串的长度。

A. CONCAT	B. TRIM
C. LENGTH	D. REPLACE

2. 在 MySQL 中使用 LIKE 进行模糊查询时，下列(　　)符号可以匹配任意多个字符。

  A. %　　　　　　　　　　　　B. -

  C. *　　　　　　　　　　　　D. +

3. 在 MySQL 中可以使用以下的(　　)函数求数据平均值。

  A. MAX　　　　　　　　　　　B. MIN

  C. AVG　　　　　　　　　　　D. COUNT

4. SELECT COUNT(SAL) FORM EMP GROUP BY DEPTNO;的意思是(　　)。

  A. 求每个部门中的工资的平均值

  B. 求每个部门中工资的最大值

  C. 求每个部门中工资的总额

  D. 求每个部门中工资记录的数量

二、填空题

1. 在 MySQL 中，可以使用＿＿＿＿＿＿＿＿函数来对文本进行替换。

2. 在 MySQL 中，可以使用＿＿＿＿＿＿＿＿函数来对文本进行拼接。

3. 在分组查询中，HAVING 子句用于对分组后的结果进行＿＿＿＿＿＿。

4. 在 MySQL 中，＿＿＿＿＿＿＿关键字用于对查询结果进行排序。

读书笔记

多表连接查询

第6章

在前面的章节中所介绍的查询、筛选、统计等操作都是针对单个表进行的，在实际应用过程中，由于是关系型数据库，用户需要的数据通常是由几个表中的数据组合而成的，此时就需要使用多表连接查询。

本章将深入讲解多表连接的基本概念、连接类型、连接条件以及实际应用等。通过本章的学习，您将了解到如何在实际的操作中应用多表连接查询，达到更为高效的数据分析和处理效果。

学习目标

- 了解多表连接的概念
- 掌握表之间的关系
- 掌握多表连接的几种类型
- 掌握查询的技巧

6.1　连接查询

在关系型数据库中，连接查询是最基本和常见的操作之一。它的主要作用是通过将两个或多个表中的数据联系起来，检索和查询特定的信息。在实践中，连接查询有助于数据分析师或开发人员获取更准确、更完整的数据信息。

多表连接的重要性表现在以下几个方面。

1. 通过连接操作，将数据关联在一起

在实际应用中，数据通常被存储在多个表中。在这种情况下，单独检索单个表中的数据可能无法满足我们的需求。我们可能需要检索来自不同表的数据，并将这些数据相关联。例如，一个在线商店可能需要同时检索订单表和产品表，以获得更多关于客户购买行为的信息。通过连接操作，我们可以将这些表中的数据联系起来，以便更好地了解客户的购买行为和兴趣，从而做出更好的业务决策。

2. 提高数据的查询效率

在执行连接查询时，数据库引擎通常会利用索引来查找相应的数据，从而快速响应查询请求。连接操作可以极大地提高查询效率，减少查询时间。

3. 用于数据分析

在数据分析领域，连接查询是一个非常重要的工具。通过连接操作，我们可以将多个表中的数据合并在一起，并将其作为单个数据源来分析。例如，在医疗保健领域，医生可能需要同时检索患者表、诊断表和药品表，以便为他们的患者开具准确的处方。通过连接查询，医生可以将这些表中的数据合并在一起，并检索出符合特定条件的信息。

总之，连接查询是关系型数据库中不可或缺的一个操作，它可以将多个表中的数据合并在一起，并从中获取更准确、更完整的信息。同时，连接查询也是数据分析领域的一个基本工具，在数据分析和决策方面有着重要的作用。

6.2　表间连接查询的类型

在多表连接查询操作中，涉及的内容非常丰富，操作也比较复杂。接下来将分步骤讲解多表连接查询的具体实现，包括不同连接类型的区别以及它们对结果的影响，同时也会介绍一些常见且实用的多表连接查询实例，帮助您更好地掌握这个操作。此外，本节还将介绍如何在实践中使用外键来更好地管理多表连接查询的数据，以及注意事项。

6.2.1　交叉连接

在进行多表查询时，有时候需要获取所有可能的组合结果，这时就需要使用交叉连接。交叉连接可以通过使用 CROSS JOIN 关键字来实现。

交叉连接(cross join)指的是将两个或多个表中的所有记录组合起来，生成一个笛卡尔积 (cartesian product)结果集，即获得所有可能的组合结果。在交叉连接中，如果左边的表有 m 条记录，右边的表有 n 条记录，则交叉连接产生的结果集就会包含 m*n 条记录。

在实际应用中，交叉连接用得不多，因为通过交叉连接生成的结果集通常会非常大。

语法如下：

```
SELECT 列名 1,...,列名 n
FROM 表 1
CROSS JOIN 表 2;
```

【例 6-1】查询所有学生和班级的排列组合。

SQL 语句如下：

```
mysql> SELECT student_name, gender,t_class.id,class_name
    -> FROM t_student
    -> CROSS JOIN t_class;
+--------------+--------+----+------------+
| student_name | gender | id | class_name |
+--------------+--------+----+------------+
| 张耀仁       | 男     |  3 | 3 班       |
| 张耀仁       | 男     |  2 | 2 班       |
| 张耀仁       | 男     |  1 | 1 班       |
| 李启全       | 男     |  3 | 3 班       |
| 李启全       | 男     |  2 | 2 班       |
| 李启全       | 男     |  1 | 1 班       |
| 许名瑶       | 女     |  3 | 3 班       |
| 许名瑶       | 女     |  2 | 2 班       |
| 许名瑶       | 女     |  1 | 1 班       |
| 章涵         | 男     |  3 | 3 班       |
| 章涵         | 男     |  2 | 2 班       |
| 章涵         | 男     |  1 | 1 班       |
| 司志清       | 男     |  3 | 3 班       |
| 司志清       | 男     |  2 | 2 班       |
| 司志清       | 男     |  1 | 1 班       |
| 马云博       | 男     |  3 | 3 班       |
| 马云博       | 男     |  2 | 2 班       |
| 马云博       | 男     |  1 | 1 班       |
| 刘帅兵       | 男     |  3 | 3 班       |
| 刘帅兵       | 男     |  2 | 2 班       |
| 刘帅兵       | 男     |  1 | 1 班       |
| 许云         | 女     |  3 | 3 班       |
| 许云         | 女     |  2 | 2 班       |
| 许云         | 女     |  1 | 1 班       |
| 张云龙       | 男     |  3 | 3 班       |
| 张云龙       | 男     |  2 | 2 班       |
| 张云龙       | 男     |  1 | 1 班       |
| 刘帅兵       | 男     |  3 | 3 班       |
| 刘帅兵       | 男     |  2 | 2 班       |
| 刘帅兵       | 男     |  1 | 1 班       |
| 李子墨       | 女     |  3 | 3 班       |
```

```
| 李子墨          | 女      | 2 | 2班       |
| 李子墨          | 女      | 1 | 1班       |
+---------------+--------+----+-----------+
```

交叉连接原理如图 6-1 所示。

在实际操作中，应该尽量避免笛卡尔积的产生。一般在 WHERE 子句后加入有效的连接条件来筛选符合条件的记录。

加入连接条件后，语法如下：

```
SELECT 字段1,字段2,...,字段n
FROM 表名1
CROSS JOIN 表名2
WHERE 连接条件;
```

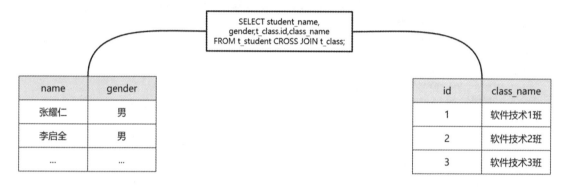

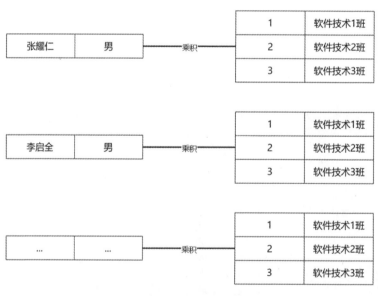

图 6-1 交叉连接原理

1. 使用 WHERE 子句实现两个表连接查询

【例 6-2】查询"李启全"同学的考试成绩。

SQL 语句如下:

```
mysql> SELECT tst.student_name,tsc.courseID,tsc.exam_score
    -> FROM t_student AS tst
    -> CROSS JOIN t_score AS tsc
    -> WHERE tst.id=tsc.studentID
    -> AND tst.student_name='李启全';
+--------------+----------+------------+
| student_name | courseID | exam_score |
+--------------+----------+------------+
| 李启全       |        1 |         40 |
| 李启全       |        2 |         55 |
| 李启全       |        3 |         66 |
+--------------+----------+------------+
```

2. 使用 WHERE 子句实现多个表连接查询

【例 6-3】查询"李启全"同学的每门课程的考试成绩。

```
mysql> SELECT tst.student_name,tco.course_name,tsc.exam_score
    -> FROM t_student AS tst
    -> CROSS JOIN t_score AS tsc
    -> CROSS JOIN t_course AS tco
    -> WHERE tst.id=tsc.studentID
    -> AND tsc.courseID=tco.id
    -> AND tst.student_name='李启全';
+--------------+----------------------+------------+
| student_name | course_name          | exam_score |
+--------------+----------------------+------------+
| 李启全       | C 语言程序设计       |         40 |
| 李启全       | Java 程序语言基础    |         55 |
| 李启全       | Java 面向对象程序设计|         66 |
+--------------+----------------------+------------+
```

通过以上两个查询,可以看出使用 WHERE 子句可以对交叉连接的结果集进行筛选。虽然 WHERE 子句可以对结果集进行筛选,但是在工作中还是要尽量避免使用交叉连接,使用交叉连接会带来极大的性能问题和数据冗余问题。当对多个大数据量的表执行交叉连接时,会产生大量的中间结果,从而耗费大量的时间和内存资源。它还会导致重复数据出现在结果集中,给数据分析和处理带来不必要的麻烦。取而代之的是使用 JOIN 语句来连接表,并使用 WHERE 子句和其他筛选条件来限制返回结果,这样能够大大提高查询效率并减少数据冗余。如何使用 JOIN 语句进行连接查询呢?接下来编者会着重讲解 JOIN 语句的多表连接查询。

6.2.2　内连接

内连接(inner join)是指将两个或多个表中的数据按照指定的条件进行匹配,并返回符合条件的记录。在内连接中,只有在左表和右表存在匹配记录时才会返回数据,否则不返回任何数据。

内连接通过连接条件将两个或多个表中的数据进行匹配。连接条件通常是指两个表中的某个字段或多个字段之间的关联关系。内连接通常使用 JOIN 或 INNER JOIN 来实现。

内连接的语法如下：

```
SELECT 字段1,字段2,...,字段n
FROM 表名1
JOIN/INNER JOIN 表名2
ON 连接条件;
```

MySQL 支持三种内连接类型，分别是等值连接、非等值连接和自连接。

1. 等值连接(equi-join)

等值连接是最常用的内连接类型，它基于两个表之间的共同字段/列的相等性来匹配行。在关系型数据库中，使用 ON 子句指定等值连接的条件。

【例 6-4】查找每个学生所在班级的详细信息。

SQL 语句如下：

```
mysql> SELECT s.id, s.student_name, c.class_name
    -> FROM t_student AS s
    -> INNER JOIN t_class AS c
    -> ON s.classID = c.id;
+------+--------------+------------+
| id   | student_name | class_name |
+------+--------------+------------+
| 1001 | 张耀仁       | 1班        |
| 1002 | 李启全       | 1班        |
| 1003 | 许名瑶       | 1班        |
| 1004 | 章涵         | 1班        |
| 1005 | 司志清       | 1班        |
| 2001 | 马云博       | 2班        |
| 2002 | 刘帅兵       | 2班        |
| 2003 | 许云         | 2班        |
| 3001 | 张云龙       | 3班        |
| 3002 | 刘帅兵       | 3班        |
| 3003 | 李子墨       | 3班        |
+------+--------------+------------+
```

2. 非等值连接(non-equi-join)

非等值连接是通过使用比较运算符进行连接的查询方式。这种查询方式可以用来查找符合某些条件但不满足等式条件的数据。

【例 6-5】查询成绩在 80 分以下的学生姓名。

SQL 语句如下：

```
mysql> SELECT exam_score,studentID,courseID FROM t_score;
+------------+-----------+----------+
| exam_score | studentID | courseID |
+------------+-----------+----------+
|         90 |      1001 |        1 |
|         80 |      1001 |        2 |
|         88 |      1001 |        3 |
|         40 |      1002 |        1 |
|         55 |      1002 |        2 |
```

```
|         66 |       1002 |         3 |
|         78 |       1003 |         1 |
|         89 |       1003 |         2 |
|         95 |       1003 |         3 |
|         77 |       1004 |         1 |
|         79 |       1004 |         2 |
|         80 |       1004 |         3 |
|         60 |       1005 |         1 |
|         66 |       1005 |         2 |
|         58 |       1005 |         3 |
|         48 |       2001 |         1 |
|         49 |       2001 |         2 |
|         50 |       2001 |         3 |
|         89 |       2002 |         1 |
|         85 |       2002 |         2 |
|         92 |       2002 |         3 |
|         89 |       2003 |         1 |
|         89 |       2003 |         2 |
|         99 |       2003 |         3 |
+------------+------------+----------+
mysql> SELECT id,student_name FROM t_student;
+------+--------------+
| id   | student_name |
+------+--------------+
| 1001 | 张耀仁        |
| 1002 | 李启全        |
| 1003 | 许名瑶        |
| 1004 | 章涵          |
| 1005 | 司志清        |
| 2001 | 马云博        |
| 2002 | 刘帅兵        |
| 2003 | 许云          |
| 3001 | 张云龙        |
| 3002 | 刘帅兵        |
| 3003 | 李子墨        |
+------+--------------+
mysql> SELECT DISTINCT tst.student_name
    -> FROM t_student AS tst
    -> INNER JOIN t_score AS tsc
    -> ON tst.id=tsc.studentID
    -> AND tsc.exam_score<80;
+--------------+
| student_name |
+--------------+
| 李启全        |
| 许名瑶        |
| 章涵          |
| 司志清        |
| 马云博        |
+--------------+
```

首先查询成绩表，显示所有学生的成绩。然后查询学生表，显示所有学生的信息。最后通过非等值连接查询，使用 tsc.exam_score<80 不等式作为连接条件，显示成绩在 80 分以下的学生姓名。由于非等值连接需要进行比较操作，因此可能会影响查询性能，所以应该尽量使用等值连接，而只在必要的情况下才使用非等值连接。

3. 自连接(self-join)

自连接是一种将表与其自身进行连接的操作，它通常用于单个表中查找具有相似属性的记录。在自连接中，对同一表中的两个实例进行比较来查找满足特定条件的记录。

【例 6-6】查询同一班级中年龄相同的学生。

SQL 语句如下：

```
mysql> SELECT s1.student_name,s2.student_name,s1.age,s1.classID
    -> FROM t_student s1 INNER JOIN t_student s2
    -> WHERE s1.age=s2.age
    -> AND s1.classID=s2.classID
    -> AND s1.student_name<>s2.student_name;
+--------------+--------------+------+--------+
| student_name | student_name | age  | classID |
+--------------+--------------+------+--------+
| 张耀仁       | 章涵         |   20 |      1 |
| 李启全       | 许名瑶       |   21 |      1 |
| 许名瑶       | 李启全       |   21 |      1 |
| 章涵         | 张耀仁       |   20 |      1 |
+--------------+--------------+------+--------+
```

在这个查询中，通过对 t_student 表进行自连接来比较同一个班级中不同学生的年龄。首先将 t_student 表的 s1 和 s2 两个实例进行自连接，然后使用 WHERE 子句来限制连接条件。

需要注意的是，在使用自连接时，需要给表的案例取不同的别名，以便在查询中区分不同的实例。此外，自连接通常会增加查询的复杂度和降低查询的性能，因此在实际应用中需要谨慎使用。

6.2.3 外连接

外连接(outer join)可以在一个查询中同时检索两个或多个表中有关联和无关联的记录。这意味着即使某个表中的记录没有与另一个表中的记录匹配，也会出现在结果集中。这种连接提供了一种查询多个表的方式，具有更大的灵活性和适应性。

外连接通常由 SQL 中的关键字 LEFT JOIN(左外连接)和 RIGHT JOIN(右外连接)实现。这两种连接类型分别根据左表和右表的重要性进行命名。LEFT JOIN 返回左表中所有的记录和右表中与之关联的记录，而 RIGHT JOIN 返回右表中所有的记录和左表中与之关联的记录。如果要检索的数据涉及多个表，建议使用左外连接。

1. 左外连接

左外连接(left outer join)是 SQL 查询中的一种连接方式，它可以将两个表中的数据进行连接，并且保留左表中的所有数据，即使左表中没有匹配的数据。

在左外连接中，左表是主表，右表是从表。左表中的所有数据都会被保留，而右表中没有匹配的数据则会被填充为 NULL 值。

左外连接基本语法如下：

```
SELECT 字段 1,字段 2,...,字段 n
FROM 表 1
LEFT JOIN 表 2
ON 表 1.关联字段 = 表 2.关联字段;
```

在此语法中，使用 SELECT 语句指定要查询的列名，然后使用 FROM 关键字指定要查询的主表表 1。接下来，使用 LEFT JOIN 关键字来指定要连接的从表表 2。最后，使用 ON 关键字来指定两个表之间的连接条件。

【例 6-7】查看所有学生所在班级的班级名称。

SQL 语句如下：

```
mysql> SELECT tst.student_name,tcl.class_name
    -> FROM t_student AS tst
    -> LEFT JOIN t_class AS tcl
    -> ON tst.classID=tcl.id;
+--------------+------------+
| student_name | class_name |
+--------------+------------+
| 张耀仁       | 1 班       |
| 李启全       | 1 班       |
| 许名瑶       | 1 班       |
| 章涵         | 1 班       |
| 司志清       | 1 班       |
| 马云博       | 2 班       |
| 刘帅兵       | 2 班       |
| 许云         | 2 班       |
| 张云龙       | 3 班       |
| 刘帅兵       | 3 班       |
| 李子墨       | 3 班       |
+--------------+------------+
```

查询结果显示了所有学生的姓名并且显示了班级表与之匹配的数据。

2. 右外连接

右外连接(right outer join)是 SQL 查询中的一种连接方式，它可以将两个表中的数据进行连接，并且保留右表中的所有数据，即使右表中没有匹配的数据。

在右外连接中，右表是主表，左表是从表。右表中的所有数据都会被保留，而左表中没有匹配的数据则会被填充为 NULL 值。

右外连接基本语法如下：

```
SELECT 字段 1,字段 2,...,字段 n
FROM 表 1
RIGHT JOIN 表 2
ON 表 1.关联字段 = 表 2.关联字段;
```

在此语法中，使用 SELECT 语句指定要查询的列名，然后使用 FROM 关键字指定要查询的从表表 1。接下来，使用 RIGHT JOIN 关键字来指定要连接的主表表 2。最后，使用 ON 关键字来指定两个表之间的连接条件。

【例 6-8】查询所有班级的学生。

SQL 语句如下：

```
mysql> SELECT tst.student_name,tcl.class_name
    -> FROM t_student AS tst
    -> RIGHT JOIN t_class AS tcl
    -> ON tst.classID=tcl.id;
+--------------+------------+
| student_name | class_name |
+--------------+------------+
| 张耀仁        | 1班        |
| 李启全        | 1班        |
| 许名瑶        | 1班        |
| 章涵          | 1班        |
| 司志清        | 1班        |
| 马云博        | 2班        |
| 刘帅兵        | 2班        |
| 许云          | 2班        |
| 张云龙        | 3班        |
| 刘帅兵        | 3班        |
| 李子墨        | 3班        |
+--------------+------------+
```

查询语句返回所有班级的名称并且显示了学生表中与之匹配的数据。

3. 全外连接

全外连接的结果=左右表匹配的数据＋左表没有匹配到的数据＋右表没有匹配到的数据。如图 6-2 所示。

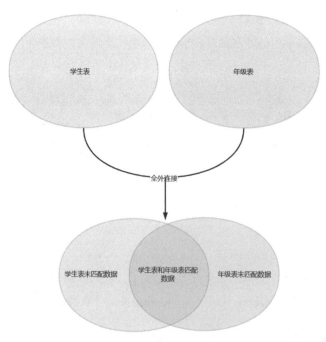

图 6-2　全外连接示意图

SQL 是支持全外连接的，使用 FULL JOIN 或 FULL OUTER JOIN 来实现。

需要注意的是，MySQL 不支持 FULL JOIN，但是可以用 LEFT JOIN UNION RIGHT JOIN 代替。

6.2.4　UNION 操作符

1. 模拟全外连接

理论上可以使用 UNION 操作符连接两个以上查询表，模拟全外连接查询。

语法如下：

```
SELECT 列名1,...,列名n FROM 表1
UNION/UNION ALL
SELECT 列名1,...,列名n FROM 表2
UNION/UNION ALL
SELECT 列名1,...,列名n FROM 表n;
```

【例 6-9】查询所有学生的班级以及所有班级的学生。

SQL 语句如下：

```
-- 为了使读者更为理解，在此先增加两条记录
INSERT INTO `shool_db`.`t_student` ( `student_name`, `gender`, `birthday`, `age`,
`classID`, `begin_year`) VALUES ('李小四', '男', '2003-03-15', '20', NULL, '2023');
INSERT INTO `shool_db`.`t_class` (`class_name`) VALUES ('4 班');

--开始查询
mysql> SELECT tst.student_name,tcl.class_name
    -> FROM t_student tst
    -> LEFT JOIN t_class tcl
    -> ON tst.classID=tcl.id
    -> UNION
    -> SELECT tst.student_name,tcl.class_name
    -> FROM t_student tst
    -> RIGHT JOIN t_class tcl
    -> ON tst.classID=tcl.id;
+--------------+------------+
| student_name | class_name |
+--------------+------------+
| 张耀仁       | 1 班       |
| 李启全       | 1 班       |
| 许名瑶       | 1 班       |
| 章涵         | 1 班       |
| 司志清       | 1 班       |
| 马云博       | 2 班       |
| 刘帅兵       | 2 班       |
| 许云         | 2 班       |
| 张云龙       | 3 班       |
| 刘帅兵       | 3 班       |
| 李子墨       | 3 班       |
| 李小四       | NULL       |
| NULL         | 4 班       |
```

```
+--------------+------------+
```
`-- 查询之后删除两条记录`

通过 UNION 操作，将两个查询表的内容合并在一起，获得了所有的学生姓名信息和班级名称信息。在实际应用中，可能需要根据查询需求筛选出需要的列，并且确保两个查询表中的列数量一致。

在实际使用中全外连接的出现频率很低，如果是多个表的查询推荐优先使用内连接，如果不满足需求，则考虑使用左外连接或右外连接。

2. UNION 操作符的更多用法

UNION 操作符可以用于连接两个或多个表中的数据，返回一个新的结果集合。当需要统计或查询分散在多个表中的数据时，可以使用 UNION 操作符进行合并。UNION 操作符可以消除重复的数据并按照指定的顺序排列结果集。

需要注意的是，UNION 操作符会将 SELECT 语句的结果集合并且去除重复数据。如果需要保留重复数据，则可以使用 UNION ALL 操作符。另外，使用 UNION 操作符时，两个 SELECT 语句的列数必须相同。

UNION 和 UNION ALL 都可以用来合并两个以上的 SELECT 语句的结果集，不同之处在于它们对于重复记录的处理方式不同。

UNION 运算符用于合并两个或多个 SELECT 语句的结果集，且只返回不重复的记录。具体地说，在执行结果集的合并时，UNION 会自动去除重复的记录。这个去重的过程需要对结果集进行排序和去重的操作，因此在执行查询时，UNION 的性能会比 UNION ALL 差一些。UNION 运算符实际上包含了 DISTINCT 关键字的效果。

(1) 通过 UNION ALL 连接查询两个表的记录。

【例 6-10】查询所有学生的姓名以及课程名称。

SQL 语句如下：

```
mysql> SELECT student_name,'C 语言程序设计' AS course_name FROM t_student
    -> UNION ALL
    -> SELECT '李子墨' as student_name,course_name FROM t_course;
+--------------+---------------------+
| student_name | course_name         |
+--------------+---------------------+
| 张耀仁        | C 语言程序设计        |
| 李启全        | C 语言程序设计        |
| 许名瑶        | C 语言程序设计        |
| 章涵          | C 语言程序设计        |
| 司志清        | C 语言程序设计        |
| 马云博        | C 语言程序设计        |
| 刘帅兵        | C 语言程序设计        |
| 许云          | C 语言程序设计        |
| 张云龙        | C 语言程序设计        |
| 刘帅兵        | C 语言程序设计        |
| 李子墨        | C 语言程序设计        |
| 李子墨        | C 语言程序设计        |
| 李子墨        | Java 程序语言基础     |
| 李子墨        | Java 面向对象程序设计  |
+--------------+---------------------+
```

通过 UNION ALL 操作符连接两个查询，得到的结果集即使有重复的依然正常返回。

(2) 使用 UNION 操作符连接查询两个表的记录。

【例 6-11】查询所有学生的姓名以及课程名称。

SQL 语句如下：

```
mysql> SELECT student_name,'JAVA 程序语言设计' AS course_name FROM t_student
    -> UNION
    -> SELECT '李子墨' as student_name,course_name FROM t_course;
+--------------+----------------------+
| student_name | course_name          |
+--------------+----------------------+
| 张耀仁       | JAVA 程序语言设计     |
| 李启全       | JAVA 程序语言设计     |
| 许名瑶       | JAVA 程序语言设计     |
| 章涵         | JAVA 程序语言设计     |
| 司志清       | JAVA 程序语言设计     |
| 马云博       | JAVA 程序语言设计     |
| 刘帅兵       | JAVA 程序语言设计     |
| 许云         | JAVA 程序语言设计     |
| 张云龙       | JAVA 程序语言设计     |
| 李子墨       | JAVA 程序语言设计     |
| 李子墨       | C 语言程序设计        |
| 李子墨       | Java 面向对象程序设计 |
```

通过 UNION 操作符连接两个查询，得到的结果集中的重复记录会自动去除。

6.3　连接查询的使用技巧

1. 注意事项

(1) 选择正确的连接类型。

在多表连接查询中，根据需求选择合适的连接类型是非常重要的。左外连接和内连接通常比右外连接和全外连接更为常用，但在某些情况下后者也是必需的。根据具体情况合理选择连接类型可以减少不必要的结果集，提高查询效率。

(2) 使用别名。

使用表别名可以提高查询的可读性和减少语句的长度。此外，当在一个查询中使用多个表时，使用表别名还可以避免查询字段名冲突，提高查询准确性。

(3) 连接条件。

连接条件是多表查询中非常重要的一部分。选择正确的连接条件可以保证查询结果的准确性和及时性。在连接条件中，使用索引可以很大程度上提高查询效率。

(4) 列的查询。

在多表查询中，只查询必要的列可以减少不必要的结果集，提高查询效率。尽量避免使用 SELECT *从所有表中返回所有列，而是仅选择需要的列。

(5) 索引。

索引是一种数据结构，它可以帮助数据库管理系统快速地定位到表中符合特定查询条件的数据。索引适用于那些包含大量数据的表，因为在这样的表中进行数据查询时，索引可以大大减少查询的时间和资源开销。

数据库索引可以比喻为书籍的目录，目录中包含了关键字和每个关键字对应的页码，当读者需要查找某个关键词时，可以直接通过目录中的关键字快速定位到书籍中的相应位置，而不必逐页翻阅。

在多表查询中使用索引可以提高查询效率，特别是在大型数据集和复杂查询中。但是，过多的索引也会降低查询效率，因此应该仅为经常使用的列创建索引。

(6) 查询计划。

在多表查询中，MySQL 优化器会自动生成查询计划。但是，有时优化器生成的查询计划可能不是最优的。通过分析查询计划并手动优化它，可以明显提高查询效率。

查询计划(query plan)是数据库中执行 SQL 查询时，数据库引擎生成的一个执行计划，描述了数据库引擎如何执行该查询语句，包括操作顺序、使用的索引、表之间的连接方式、执行过程中使用的临时表等信息。查询计划可以帮助用户分析 SQL 语句的性能问题，并提供信息以便进行优化。

在本书第 8 章，编者针对索引和查询计划做了详细讲解。

(7) 避免子查询。

在多表查询中，使用子查询可以解决复杂的查询问题，但是也会降低查询效率。尽管子查询可以提供简洁的查询语句，但是使用 JOIN 等方式可以更好地优化和提高性能。

2. 多表连接查询的原理

多表连接查询的主要原理是将多个表中的数据按照某些条件进行连接，形成一个虚拟的表。这个虚拟的表中包含了原始表中符合条件的行和列，方便开发者进行查询和管理数据。多表连接查询的原理可以分为几个步骤。

(1) 确定连接类型：常见的连接类型包括内连接(INNER JOIN)、左外连接(LEFT JOIN)、右外连接(RIGHT JOIN)和全外连接(FULL OUTER JOIN)。每种连接类型的查询结果不同，要根据需要选择不同的连接类型。

(2) 确定需要连接的表和连接条件：多表连接查询需要至少两个表参与，用户要确定哪些表需要连接，以及通过哪些条件将它们连接起来。连接条件通常基于表中某个键值的匹配关系。

(3) 根据连接条件进行连接：根据连接条件，将多个表中符合条件的数据行进行连接，连接之后形成一个虚拟的表。这个虚拟的表中包含了来自多个表的符合条件的数据行。

ON 是连接操作中常用的关键字，用于连接两个表时指定连表的条件，该条件指定了两个表之间关联的列。ON 子句能够让用户使用更灵活的条件来进行多表查询，从而得到更精确的查询结果。ON 子句通常与 JOIN 关键字同时使用，用于过滤要连接的行。

(4) 对连接后的数据进行处理：连接后的多个表形成的虚拟表中可能包含了大量的冗余数据，用户可以根据需要进行数据筛选和排序等操作，以得到需要的结果。

(5) 查询结果：查询虚拟表得到用户需要的查询结果。

3. 多表连接查询的实用操作步骤

要实现多表连接查询，通常需要以下几个步骤。

(1) 了解各个表之间的逻辑关系，选择合适的连接方式。

(2) 编写连接条件，即指定连接两个表的关键字段或指明数据之间的关系。

(3) 选择从哪些表中选取数据，以及筛选出必要的数据。

(4) 对数据进行排序、分组、统计以及其他的相关操作。

(5) 最终确定查询结果，并将其显示出来或者存储到指定位置。

4. 多表连接查询的优势

多表连接查询在实际的数据处理工作中具有很多优势，总结如下。

(1) 将数据分布在多个表中，并根据需要进行连接，实现更复杂、更全面的数据查询。

(2) 充分利用数据库的性能，对数据进行有效的匹配和过滤，提高查询效率和性能。

(3) 将数据查询结果直接导出到指定的位置，方便用户进行二次开发和应用。

本章总结

- 多表连接查询是指在一个查询语句中涉及多个表的数据关联，根据一定的条件实现多个表之间的数据筛选、组合和排序等操作。
- 常见的连接类型包括内连接(INNER JOIN)、左外连接(LEFT JOIN)、右外连接(RIGHT JOIN)和全外连接(FULL OUTER JOIN)。
- 内连接指将两个或多个表中的数据按照指定的条件进行匹配，并返回符合条件的记录。
- 左外连接和右外连接只会返回左表或者右表所有的记录以及与之匹配的另一个表的记录。
- 使用 UNION 操作符时，列数、列名和列数据类型必须一致。

上机练习

上机练习一　使用内连接进行多表查询

1. 训练技能点

使用 INNER JOIN 进行多表连接查询。

2. 任务描述

查询有成绩的学生信息，包括学生姓名、学生性别、学生的各科成绩。

3. 做一做

根据任务描述，使用 INNER JOIN 进行连接查询的巩固练习，检查学习效果。

上级练习二　使用外连接进行多表查询

1. 训练技能点

使用 LEFT JOIN 进行多表查询。

2. 任务描述

查询所有学生的班级信息，包括学生的姓名、学生的性别、学生的班级名称。

3. 做一做

根据任务描述，使用 LEFT JOIN 连接学生表和班级表进行巩固练习，检查学习效果。

上机练习三　使用 UNION 操作符进行多表查询

1. 训练技能点

使用 UNION 操作符进行多表查询。

2. 任务描述

查询男学生和女学生的信息，同时按照年龄大小排序。

3. 做一做

根据任务描述，使用 UNION 操作符进行连接查询的巩固练习，检查学习效果。

上机练习四　使用交叉连接进行多表查询

1. 训练技能点

使用交叉连接进行多表查询。

2. 任务描述

查询学生的成绩，不包括没有成绩的学生。

3. 做一做

根据任务描述，使用交叉连接进行连接查询的巩固练习，检查学习效果。

巩固练习

一、选择题

1. 在使用多表查询时，可以使用的关键词是(　　)(多选)。
   A. JOIN　　　　　　　　　　　B. UNION
   C. CROSS　　　　　　　　　　D. AND
2. 在使用多表查询时，JOIN 允许空值匹配的是(　　)(单选)。
   A. INNER JOIN　　　　　　　　B. LEFT JOIN
   C. CROSS JOIN　　　　　　　　D. FULL JOIN
3. 在使用多表查询时，操作符可以组合多个 SELECT 语句的结果集的是(　　)(单选)。
   A. UNION　　　　　　　　　　B. JOIN
   C. WHERE　　　　　　　　　　D. AND
4. 在使用多表查询时，可以保证外键的引用完整性是(　　)(单选)。
   A. CHECK　　　　　　　　　　B. DEFAULT
   C. UNIQUE　　　　　　　　　　D. FOREIGN KEY

5. 在进行多表查询时，为了提高查询效率，应该使用的技巧是(　　)(多选)。

A. 仅查询所需的字段　　　　　　　　B. 使用索引

C. 使用 UNION 操作符　　　　　　　D. 使用 IN 子查询

二、应用题

1. 查询每个学生的姓名、课程和成绩。结果按照学生姓名升序排列，然后按照课程名称升序排列。

2. 查询每门课程的平均分数和该门课程的学生数。结果按照平均分数降序排列。

3. 查询选修了所有课程的学生姓名和选修课程数。

4. 查询没有成绩的课程名称和对应的选修学生数。结果按照选修学生数降序排列。

5. 查询所有选修了"C 语言程序设计"课程的学生的姓名和成绩。

读书笔记

SQL 高级子查询

第 **7** 章

SQL 高级子查询是数据库领域中的一个重要内容，也是数据库管理者和开发人员需要了解和掌握的重要知识之一。本章将深入探讨 MySQL 子查询的各个方面，从简单子查询到高级子查询，以及连接查询与子查询的性能对比。

学习目标
- 在 UPDATE、DELETE 和 INSERT 语句中使用子查询
- 使用 IN、NOT IN 子句实现子查询
- 使用 EXISTS、NOT EXISTS 子句实现子查询
- 使用 ALL、ANY/SOME 子句实现子查询

7.1 简单子查询

将一个查询结果作为另一个查询的条件时，前一个查询就是子查询。通过子查询可以实现更精细的数据处理和过滤。查询结果只有一个值的子查询称之为简单子查询。

7.1.1 子查询概述

子查询即嵌套查询，通常嵌套在 SELECT、INSERT、UPDATE 和 DELETE 语句中，把一条 SQL 语句的结果作为另一个 SQL 语句的条件，以完成特定的数据处理任务。子查询可以帮助开发人员实现更加高效、精细和灵活的数据处理和查询。

7.1.2 如何编写子查询

从一个例子入手，例如查询某学生的同班同学信息，就可以先查询出该生的班级编号，然后将查询出来的班级编号作为筛选条件，查询出该生的同班同学信息。

【例 7-1】查询学生"许名瑶"的同班同学信息。

代码如下：

```
mysql> SELECT * FROM t_student WHERE classID=(SELECT classID FROM t_student WHERE student_name='许名瑶');
+------+--------------+--------+------------+------+--------+------------+
| id   | student_name | gender | birthday   | age  | classID| begin_year |
+------+--------------+--------+------------+------+--------+------------+
| 1001 | 张耀仁        | 男     | 2003-02-21 | 20   | 1      | 2023       |
| 1002 | 李启全        | 男     | 2002-06-21 | 21   | 1      | 2023       |
| 1003 | 许名瑶        | 女     | 2002-02-11 | 21   | 1      | 2023       |
| 1004 | 章涵          | 男     | 2003-11-07 | 20   | 1      | 2023       |
| 1005 | 司志清        | 男     | 2003-10-14 | NULL | 1      | 2023       |
+------+--------------+--------+------------+------+--------+------------+
5 rows in set (0.00 sec)
```

【例 7-2】查询年龄大于"李子墨"的学生信息。

代码如下：

```
mysql> SELECT * FROM t_student WHERE age > (SELECT age FROM t_student WHERE student_name='李子墨');
+------+--------------+--------+------------+------+--------+------------+
| id   | student_name | gender | birthday   | age  | classID| begin_year |
+------+--------------+--------+------------+------+--------+------------+
| 1002 | 李启全        | 男     | 2002-06-21 | 21   | 1      | 2023       |
| 1003 | 许名瑶        | 女     | 2002-02-11 | 21   | 1      | 2023       |
| 2001 | 马云博        | 男     | 2002-10-14 | 21   | 2      | 2023       |
| 2003 | 许云          | 女     | 2001-10-14 | 22   | 2      | 2023       |
+------+--------------+--------+------------+------+--------+------------+
4 rows in set (0.00 sec)
```

从以上结果可知，外层 WHERE 的条件是另一个查询语句的结果。通常情况下，外部查询称为父查询，括号内部的查询称为子查询。在 SQL 执行过程中，子查询先执行，父查询后执行。需要注意的是，若将子查询与比较运算符一同使用，则必须确保子查询返回的结果为单一值。

除此之外，子查询还可用于替换表连接查询。

【例 7-3】使用表连接 INNER JOIN 实现查询"Java 程序语言基础"这门课得分为 85 分的学生信息。

代码如下：

```
mysql> SELECT s.* FROM t_student s
    -> INNER JOIN t_score t ON s.id = t.studentID
    -> INNER JOIN t_course c ON c.id=t.courseID
    -> WHERE c.course_name='Java 程序语言基础'
    -> AND t.exam_score=85;
+------+--------------+--------+------------+------+---------+------------+
| id   | student_name | gender | birthday   | age  | classID | begin_year |
+------+--------------+--------+------------+------+---------+------------+
| 2002 | 刘帅兵       | 男     | 2001-10-14 | NULL |       2 |       2023 |
| 3001 | 张云龙       | 男     | 2004-09-14 |   19 |       3 |       2023 |
+------+--------------+--------+------------+------+---------+------------+
2 rows in set (0.00 sec)
```

【例 7-4】使用子查询实现查询"Java 程序语言基础"这门课得分为 85 分的学生信息。

代码如下：

```
mysql> SELECT * FROM t_student WHERE id IN (
    -> SELECT studentID FROM t_score WHERE exam_score=85 AND courseID=(
    -> SELECT id FROM t_course WHERE course_name='Java 程序语言基础'));
+------+--------------+--------+------------+------+---------+------------+
| id   | student_name | gender | birthday   | age  | classID | begin_year |
+------+--------------+--------+------------+------+---------+------------+
| 2002 | 刘帅兵       | 男     | 2001-10-14 | NULL |       2 |       2023 |
| 3001 | 张云龙       | 男     | 2004-09-14 |   19 |       3 |       2023 |
+------+--------------+--------+------------+------+---------+------------+
2 rows in set (0.00 sec)
```

从以上执行结果可以看出，子查询也能实现此案例的查询，结果一致。子查询的执行顺序是先查询出"Java 程序语言基础"这门课的 ID 号，然后根据课程 ID 编号并结合成绩等于 85 分的条件，查询出符合要求的学生学号，最后根据学号筛选出与之对应的学生信息。由内到外，将内部子查询的结果作为外层查询的数据源去使用。

通过对比，表连接可以用子查询来替换，但有的子查询不能用表连接来替换。子查询较为灵活方便、形式多样，适合作为查询的筛选条件，而表连接更适合查看多表的数据。

7.1.3　在 UPDATE、DELETE、INSERT 语句中使用子查询

除了在 SELECT 语句中用来完成复杂查询外，子查询还可以在 UPDATE、DELETE 和 INSERT 语句中用来完成复杂的更新、删除和插入操作。在这些语句中使用子查询的原理和在 SELECT 语句中使用子查询的原理相同，即内部子查询的结果作为外部查询的 WHERE 条件的参考值。

1. 在 UPDATE 语句中使用子查询

在 UPDATE 语句中使用子查询时，子查询的结果作为 UPDATE 语句中的条件，从而实现更加

灵活的数据更新操作。通过使用子查询，可以在 UPDATE 语句中嵌套另一条查询语句，以获取所需的数据，并将其应用于更新操作中。

【例 7-5】更新"许云"的"Java 程序语言基础"这门课的成绩为 89。

代码如下：

```
--更新许云的 Java 程序语言基础的成绩
mysql> UPDATE t_score SET exam_score = 89
    -> WHERE studentID=(
    -> SELECT id FROM t_student WHERE student_name='许云')
    -> AND courseID=(
    -> SELECT id FROM t_course WHERE course_name='Java 程序语言基础');
Query OK, 1 row affected (0.01 sec)
Rows matched: 1  Changed: 1  Warnings: 0
--查询许云的 Java 程序语言基础课程得分
mysql> SELECT * FROM t_score WHERE studentID=2003 AND courseID=2;
+----+------------+-----------+----------+
| id | exam_score | studentID | courseID |
+----+------------+-----------+----------+
| 23 |         89 |      2003 |        2 |
+----+------------+-----------+----------+
1 row in set (0.00 sec)
```

从以上执行结果，可以观察到许云的 Java 程序语言基础成绩已被修改为 89 分。这是通过以下程序执行流程实现的：首先，通过子查询获取许云的学号和 Java 程序语言基础课程的课程编号。接着，将子查询得到的结果作为外层 UPDATE 语句的 WHERE 条件，用于更新成绩。通过这种方式，可以灵活地根据子查询的结果来更新指定条件下的数据。

2. 在 DELETE 语句中使用子查询

子查询的结果也可以用作 DELETE 语句中的 WHERE 条件，以确定要删除的内容。

【例 7-6】删除"李子墨"同学的所有考试成绩。

代码如下：

```
mysql> DELETE FROM t_score WHERE studentID=(
    -> SELECT id FROM t_student WHERE student_name='李子墨');
Query OK, 3 rows affected (0.01 sec)
```

3. 在 INSERT 语句中使用子查询

将子查询嵌套在 INSERT 语句中可以生成要插入的批量数据。主要有两种写法。

(1) 基本语法：

```
INSERT INTO 表名 (字段列表) SELECT 字段列表 FROM 表名;
```

此结构适用于明确要插入目标表的列，但是需要注意的是，在指定目标表的列时，一定要将所有非空列都填上，否则将无法实现数据的插入。

(2) 基本语法：

```
INSERT INTO 表名 SELECT 字段列表 FROM 表名;
```

此结构省略掉了目标表的列，意味着默认对目标表的全部列进行数据的插入，且 SELECT 后面的列的顺序必须与目标表中的列顺序保持一致，才能插入成功。

【例 7-7】对每一个班级求学生的平均年龄，并把结果存入表 t_class_avgage 中。

代码如下：

```
--新建 t_class_avgage 表
CREATE TABLE t_class_avgage(
cid INT,#班级编号
avg_age INT#班级平均年龄
);
--将每一个班级学生的平均年龄存入表 t_class_avgage 中
INSERT INTO t_class_avgage(cid,avg_age)
SELECT classID,AVG(age)
FROM t_student
GROUP BY classID;
```

7.2 高级子查询

在将子查询的结果作为查询条件时，如果结果不是单一值，则将该子查询称为高级子查询。

7.2.1 使用 IN 和 NOT IN

当使用比较运算符(如=、>等)时，子查询的结果只能是单条记录或为空，不允许子查询返回多条记录。

例如查询 Java 程序语言基础这门课成绩 85 分的学生信息，如果用比较运算符来写的话代码如下。

```
mysql> SELECT * FROM t_student WHERE id = (
    -> SELECT studentID FROM t_score WHERE exam_score=85 AND courseID=(
    -> SELECT id FROM t_course WHERE course_name='Java 程序语言基础'));
ERROR 1242 (21000): Subquery returns more than 1 row
```

从以上执行结果可以看出，出现编译错误 "Subquery returns more than 1 row"，意思是指子查询返回的结果为多条，即该科成绩为 85 分的学生不止一个人，那么如何解决此问题？可以通过 IN或 NOT IN 关键字来解决，本案例中可将 "=" 替换为 IN。

【例 7-8】查询 Java 程序语言基础这门课成绩为 85 分的学生信息。

代码如下：

```
mysql> SELECT * FROM t_student WHERE id IN (
    -> SELECT studentID FROM t_score WHERE exam_score=85 AND courseID=(
    -> SELECT id FROM t_course WHERE course_name='Java 程序语言基础'));
+------+--------------+--------+------------+------+---------+------------+
| id   | student_name | gender | birthday   | age  | classID | begin_year |
+------+--------------+--------+------------+------+---------+------------+
| 2002 | 刘帅兵       | 男     | 2001-10-14 | NULL |    2    |    2023    |
| 3001 | 张云龙       | 男     | 2004-09-14 | 19   |    3    |    2023    |
+------+--------------+--------+------------+------+---------+------------+
2 rows in set (0.00 sec)
```

若是查询没有参加"Java 程序语言基础"课程考试的同学，就需用 NOT IN 来表示了。

【例 7-9】查询没有参加"Java 程序语言基础"课程考试的学生信息。

代码如下：

```
mysql> SELECT * FROM t_student WHERE ID NOT IN(
    -> SELECT studentID FROM t_score WHERE courseID=(
    -> SELECT id FROM t_course WHERE course_name='Java 程序语言基础'));
+------+--------------+--------+------------+------+---------+------------+
| id   | student_name | gender | birthday   | age  | classID | begin_year |
+------+--------------+--------+------------+------+---------+------------+
| 3003 | 李子墨        | 女     | 2003-02-14 | 20   | 3       | 2023       |
| 3004 | 张 均         | 男     | 2003-05-05 | 20   | 3       | 2023       |
+------+--------------+--------+------------+------+---------+------------+
2 rows in set (0.00 sec)
```

7.2.2 使用 EXISTS 和 NOT EXISTS

EXISTS 关键字代表"存在"的意思，它应用于子查询中的作用是检查子查询的结果是否至少会返回一行数据，如果至少返回一行那么 EXISTS 的结果是 TRUE，此时外层查询语句方可执行查询，反之 EXISTS 返回的结果为 FALSE，外层语句将不执行查询。

【例 7-10】查询成绩表中科目编号为 2 的考试成绩中是否存在不及格的学生，如果存在就将参加科目编号 2 考试的学生编号和成绩全部查询显示出来。

代码如下：

```
mysql> SELECT studentID,exam_score FROM t_score WHERE courseID=2 AND EXISTS(
    -> SELECT studentID FROM t_score WHERE exam_score<60 AND courseID=2);
+-----------+------------+
| studentID | exam_score |
+-----------+------------+
|      1001 |         80 |
|      1002 |         55 |
|      1003 |         89 |
|      1004 |         79 |
|      1005 |         66 |
|      2001 |         49 |
|      2002 |         85 |
|      2003 |         98 |
|      3001 |         85 |
|      3002 |         33 |
+-----------+------------+
10 rows in set (0.00 sec)
```

从以上执行结果可以看出，科目编号 2 这门课的成绩中存在不及格的学生，子查询结果返回 TRUE，外层查询语句接收 TRUE 之后对表 t_score 再进行查询，并返回相应记录。

NOT EXISTS 与 EXISTS 的作用相反。如果子查询的结果返回了行数据，则 NOT EXISTS 的结果是 FALSE，此时外层查询语句将不再执行查询；如果子查询的结果没有返回任何行数据，那么 NOT EXISTS 返回的结果是 TRUE，此时外层查询语句方可进行查询。

【例 7-11】查询成绩表中科目编号为 3 的考试成绩中是否存在不及格的学生，如果不存在不及格的学生就将参加科目编号 3 考试的学生编号和成绩全部查询显示出来。

代码如下：

```
mysql> SELECT studentID,exam_score FROM t_score WHERE courseID=3 AND NOT EXISTS(
    -> SELECT studentID FROM t_score WHERE exam_score<60 AND courseID=3);
Empty set (0.00 sec)
```

从以上执行结果可以看出，科目编号 3 这门课的成绩中存在不及格的学生，子查询结果返回 FALSE，外层查询语句接收 FALSE 之后将不再执行查询。

7.2.3　使用 ALL、ANY/SOME

ALL、ANY/SOME 用在比较运算符和子查询之间，作用是通过比较运算符将一个表达式的值或列值与子查询返回的一列值中的每一行进行比较。

1. ALL 的用法

ALL 的特点是在比较过程中全部都满足才返回 TRUE，否则返回 FALSE。ALL 要求子查询必须返回且只能返回一个字段的值。

对于 ALL 的条件及描述如表 7-1 所示。

表 7-1　ALL 的用法及描述

条件	描述
C > ALL(子查询结果集)	C 列中的值必须大于子查询结果集中的最大值方为 TRUE
C >= ALL(子查询结果集)	C 列中的值必须大于等于子查询结果集中的最大值方为 TRUE
C < ALL(子查询结果集)	C 列中的值必须小于子查询结果集中的最小值方为 TRUE
C <= ALL(子查询结果集)	C 列中的值必须小于等于子查询结果集中的最小值方为 TRUE
C <> ALL(子查询结果集)	C 列中的值不等于子查询结果集中的任何值方为 TRUE
C = ALL(子查询结果集)	C 列中的值必须等于子查询结果集中的任何值方为 TRUE

【例 7-12】查询比科目编号为 "1" 的课程的所有成绩都大的学生考试成绩。

代码如下：

```
mysql> SELECT * FROM t_score WHERE exam_score > ALL(
    -> SELECT exam_score FROM t_score WHERE courseID = 1);
+----+------------+-----------+----------+
| id | exam_score | studentID | courseID |
+----+------------+-----------+----------+
| 9  |         95 |      1003 |        3 |
| 21 |         92 |      2002 |        3 |
| 23 |         98 |      2003 |        2 |
| 24 |         99 |      2003 |        3 |
+----+------------+-----------+----------+
4 rows in set (0.00 sec)
```

从以上执行结果可以看出，先查出科目编号 1 这门课所有的成绩作为 ALL 的条件，然后外层查询将列 exam_score 的值与子查询结果集的值进行一一比较，得出最终结果。

2. ANY/SOME 的用法

ANY 跟 SOME 的用法类似，这里以 ANY 为例。

ANY 关键字表示满足其中任意一个条件。与子查询结合使用时，它将某个表达式的值或字段值与子查询的一组值进行比较，只要有一次满足条件，那么 ANY 的结果就为真。当子查询每行的结果与 ANY 前面的表达式或字段比较结果全为假时，则结果为假。"ANY"与"IN"等效。

对于 ANY 的条件及描述如表 7-2 所示。

表 7-2　ANY 的用法及描述

条件	描述
C = ANY(子查询结果集)	C 列中的值只需与子查询结果集中的一个或多个值匹配方就 TRUE
C<>ANY (子查询结果集)	C 列中的值不与子查询结果集中的一个或多个值匹配方为 TRUE
C > ANY (子查询结果集)	C 列中的值必须大于子查询结果集中的最小值方为 TRUE
C < ANY (子查询结果集)	C 列中的值必须小于子查询结果集中的最大值方为 TRUE
C >= ANY (子查询结果集)	C 列中的值必须大于等于子查询结果集中的最小值方为 TRUE
C <= ANY (子查询结果集)	C 列中的值必须小于等于子查询结果集中的最大值方为 TRUE

【例 7-13】查询成绩比科目编号为"3"的任意一个成绩都大的学生考试成绩。代码如下：

```
mysql> SELECT * FROM t_score WHERE exam_score > ANY(
    -> SELECT exam_score FROM t_score WHERE courseID=3);
+----+------------+-----------+----------+
| id | exam_score | studentID | courseID |
+----+------------+-----------+----------+
|  1 |         90 |      1001 |        1 |
|  2 |         80 |      1001 |        2 |
|  3 |         88 |      1001 |        3 |
|  5 |         55 |      1002 |        2 |
|  6 |         66 |      1002 |        3 |
|  7 |         78 |      1003 |        1 |
|  8 |         89 |      1003 |        2 |
|  9 |         95 |      1003 |        3 |
| 10 |         77 |      1004 |        1 |
| 11 |         79 |      1004 |        2 |
| 12 |         80 |      1004 |        3 |
| 13 |         60 |      1005 |        1 |
| 14 |         66 |      1005 |        2 |
| 15 |         58 |      1005 |        3 |
| 19 |         89 |      2002 |        1 |
| 20 |         85 |      2002 |        2 |
| 21 |         92 |      2002 |        3 |
| 22 |         89 |      2003 |        1 |
| 23 |         98 |      2003 |        2 |
| 24 |         99 |      2003 |        3 |
| 25 |         89 |      3001 |        1 |
| 26 |         85 |      3001 |        2 |
| 27 |         89 |      3001 |        3 |
```

```
| 30  |       54  |       3002  |       3  |
+----+-----------+-----------+----------+
24 rows in set (0.00 sec)
```

SOME 与 ANY 的作用相同，这里不再展开讲解，读者可以自行编写 SQL 语句进行验证。

7.3 连接查询与子查询性能对比

连接查询和子查询是关系型数据库中常用的查询工具，它们在处理复杂查询和多表关联时发挥着重要作用。虽然连接查询和子查询都能达到相同的结果，但它们在性能方面存在一些差异。

连接查询是通过在两个或多个表之间建立关联条件来获取所需的数据。它可以使用不同的连接类型，如内连接、外连接和自连接，以满足不同的查询需求。连接查询的优点之一是它可以一次性返回所有匹配的记录，这在处理大量数据时非常高效。此外，连接查询允许在结果集中选择所需的列，并且可以进行多级关联，使得数据的获取更加灵活。

当然，连接查询也存在一些限制和性能方面的考虑。例如可能导致查询结果的重复或笛卡尔积问题，需要通过使用合适的关联条件和去重操作来解决。

子查询是嵌套在另一个查询中的查询。子查询可以作为主查询的一部分，或者作为连接查询的一部分。子查询的优点之一是它可以在内部查询中进行复杂的逻辑和条件处理，以获取需要的结果集。它提供了更大的灵活性和可扩展性，可以根据具体需求进行定制。

然而，子查询也有一些性能上的考虑。当子查询嵌套层级过深或者返回大量数据时，性能可能会受到影响。每次执行子查询都会增加额外的计算开销，并且需要进行多次查询和数据传输。因此，在设计子查询时，需要注意避免不必要的嵌套和冗余查询，以提高性能。为了优化查询性能，可以考虑使用连接查询和子查询的组合。

根据不同的数据量和具体需求，可以选择使用子查询或连接查询。当数据量较少时，可以考虑使用子查询，尤其是对于经常使用的数据。对于不经常使用的数据，连接查询可能更合适。这取决于个人的习惯和实际情况，当然，这是在数据量较少的情况下考虑的。

一般来说，连接查询通常具有更高的效率，因为它只需要遍历一次数据，而子查询需要多次遍历。但是如果数据量较少，子查询更容易控制，因此在这种情况下使用子查询可能更合适。

当数据量较大时，两种查询方式之间的差异就会明显。对于大量数据，连接查询通常比子查询更快。

因此，在选择查询方式时需要综合考虑实际情况。对于少量数据和频繁使用的数据，子查询可能更适合。对于大量数据，连接查询通常更有效率。在进行查询优化时，应根据数据量和具体查询需求进行综合评估，并进行性能测试和比较，以选择最佳的查询方法。

下面是一个示例，展示了连接查询和子查询在处理大量数据时的性能对比。

假设有两个表：Student(学生)和 Exam(成绩)，每个表包含 100 000 行数据。

Student 表结构如表 7-3 所示。

表7-3 学生表

字段名	描述
StudentID	学生 ID
StudentName	学生姓名

Exam 表结构如表 7-4 所示。

表 7-4　成绩表

字段名	描述
StudentID	学生 ID
Subject	科目
Score	分数

连接查询示例:

```
SELECT Student.StudentName, SUM(Exam.Score) AS TotalScore
FROM Student
JOIN Exam ON Student.StudentID = Exam.StudentID
GROUP BY Student.StudentID, Student.StudentName;
```

子查询示例:

```
SELECT StudentName, (SELECT SUM(Score) FROM Exam WHERE StudentID =
Student.StudentID) AS TotalScore FROM Student;
```

假设在测试环境下,使用相同的硬件和数据库配置进行了性能测试,得到以下结果。

- 连接查询执行时间:500 毫秒。
- 子查询执行时间:1500 毫秒。

从上述结果可以看出,在处理大量数据的情况下,连接查询比子查询更快。连接查询只需要遍历一次数据,并通过一次查询操作获取结果,所以它的执行时间较短。而子查询需要多次查询和数据传输,增加了额外的开销,导致执行时间较长。

因此,在类似的场景中,如果处理大量数据,使用连接查询可以更有效地提高查询速度。连接查询只需要一次数据遍历,而子查询可能需要执行多次查询操作,因此连接查询在处理大量数据时通常更快。

本章总结

- 简单查询中子查询的结果作为父查询的条件使用。
- 简单子查询的结果为单一值。
- 使用 IN 和 NOT IN 子查询进行比较操作。
- 使用 EXISTS 和 NOT EXISTS 子查询进行条件判断。
- 使用 ALL、ANY/SOME 子查询进行多行比较。

上机练习

上机练习一　简单子查询练习

1. 训练技能点

在 UPDATE、DELETE、INSERT 语句中使用子查询。

2. 任务描述

(1) 在 UPDATE 语句中使用子查询，将马云博同学"Java 面向对象程序设计"的成绩增加 5 分。

(2) 在 DELETE 语句中使用子查询，删除 3 班刘帅兵同学的所有科目考试成绩。

(3) 在 INSERT 语句中使用子查询，将 t_score 表中所有学生的分数复制到新表 t_score_backup 中。

3. 做一做

根据任务的描述进行项目实训，检查学习效果。

上机练习二　高级子查询练习

1. 训练技能点

IN、EXISTS、ALL 关键字在子查询中的使用。

2. 任务描述

(1) 使用 IN 关键字，从 t_score 表中找出分数在 80 到 100 之间的所有学生的姓名。

(2) 使用 EXISTS 关键字，查询 t_score 表中科目编号为 1 的考试成绩中是否存在不及格的学生，若存在则将参加该科目考试的学生信息查询出来。

(3) 查询成绩比科目编号为"1"的这门课程的所有成绩都大的学生的考试成绩。

3. 做一做

根据任务的描述进行项目实训，检查学习效果。

上机练习三　综合练习

1. 训练技能点

SQL 高级子查询综合练习。

2. 任务描述

(1) 使用 ANY/SOME 子查询，从 t_score 表中找到至少有一门成绩高于 90 的男学生的姓名。

(2) 查询 t_score 表中科目编号为 1 的考试成绩中是否存在不及格的学生，如果不存在不及格的学生就将参加科目编号 1 考试的学生编号和成绩全部查询出来。

3. 做一做

根据任务的描述进行项目实训，检查学习效果。

巩固练习

一、选择题

1. 在 SQL 语句中，子查询是(   )。

    A. 选取单表中的字段子集的查询语句

    B. 选取多表中的字段子集的查询语句

    C. 返回单表中的数据子集的查询语句

    D. 嵌入到另一个查询语句中的查询语句

2. 下列(   )不属于连接种类。

    A. 左外连接   B. 内连接

    C. 中间连接   D. 交叉连接

3. 组合多条 SQL 查询语句形成组合查询的操作符是(   )。

    A. SELECT   B. ALL

    C. LINK   D. UNION

4. 在 SQL 查询中，以下的(   )关键字用于在子查询中比较外部查询的值与子查询结果集中的所有值。

    A. ALL   B. ANY

    C. EXISTS   D. IN

二、填空题

1. 当一个查询作为另一个查询的_____时，称为子查询。

2. 子查询的结果作为查询条件，且结果不是_____值，这样的子查询称之为高级子查询。

3. 当使用比较运算符(如=、>等)时，子查询的结果只能是_____，不允许子查询返回多条记录。

4. 在连接查询与子查询的性能对比中，两者的效率取决于具体的查询需求和_____。

事务、索引和视图

第 8 章

在学习完前面的章节后，增、删、改、查这些操作已经熟稔于心，但在面对数据库崩溃、网络中断等突发情况时，如何保证数据库的完整性和一致性？在面对大数据量的数据库时，如何能高效查询获取数据？在面对复杂的查询和大量相关联的表查询时，如何简化查询并确保数据表的独立性？当这些问题一一摆到面前时又该如何解决呢？

为了解决这些问题，数据库管理系统提供了三种机制，分别为事务、索引、视图。

本章将介绍事务的基本概念以及应用、索引的原理和对于查询的优化，以及视图的定义和用途。通过本章的学习，读者能够更好地掌握这些重要的数据库机制，也能够对数据库管理系统有一个更清晰的认识。

学习目标

- 了解事务的概念
- 了解索引的原理
- 掌握视图的定义
- 掌握事务的应用
- 掌握索引对于查询的优化

8.1 事务

在当今的计算机系统中，事务是一种不可或缺的概念。无论你是使用传统的关系型数据库，还是使用新兴的 NoSQL 数据库，事务都是保证数据一致性和完整性的关键手段之一。在本小节中，我们将对事务进行详细的介绍，包括事务的基本特性、ACID 属性、操作事务、事务的隔离级别以及事务的应用场景，以便让读者能够更好地理解和应用事务。

8.1.1 事务的概念

1. 基本特性

事务是保证数据完整性和一致性的机制，是一种操作序列，序列中包含了一组数据库操作命令。事务这种机制把命令当作一个整体一起向数据库管理系统提交或撤销。也就是说这组命令要么全部执行，要么全部不执行。全部执行则提交事务修改数据，全部不执行则数据库回滚到事务执行之前的状态。

2. 事务操作对象

事务针对数据库中的 DML(数据操作语言)，涉及增加(insert)、更新(update)、删除(delete)这些操作。查询语句不需要事务。

3. 提交、回滚事务

将一组 SQL 操作的数据提交数据库，通知数据库按照最终的数据修改自身的数据称之为提交事务。如果将 SQL 操作的数据不提交给数据库，而是直接抛弃，就称之为回滚事务。在 MySQL 的默认设置下，事务都是自动提交的，即执行 DML 语句后马上执行提交或回滚操作。

8.1.2 事务的四个属性

为了确保事务的基本特性得以实现，事务还必须具备以下四个属性(简称 ACID)。

(1) 原子性(atomicity)：事务包含的所有 SQL 操作被视为一个整体(就像原子一样不可再分)，这个整体要么全部执行成功，要么全部回滚，不会出现部分执行的情况。例如，在一个转账操作中，无论是收款方还是汇款方，都必须一起执行，如果其中一个操作失败，整个转账操作都会回滚。

(2) 一致性(consistency)：事务操作前后，数据库中的数据应该保持一致。在一个事务中，如果对某个数据进行了修改，那么这个数据的取值就应该是修改后的值，而不是修改前的值。例如，在一个正在进行的购物流程中，如果用户已经下单，那么相应的商品库存就应该减少，用户的账户余额也应该减少。

(3) 隔离性(isolation)：事务的操作应该是互相隔离的，一个事务的操作应该对其他事务的操作不产生影响。例如，在进行银行转账时，一个客户的操作应该与另一个客户的操作互相隔离，不会出现两个客户同时操作一个账户的情况。这可以避免出现数据错误的情况。

(4) 持久性(durability)：事务一旦提交，其结果应该是永久的，并且对数据库的影响是持久的。后续即使系统发生崩溃或出现其他类似的灾难性事件，也不应该影响事务的持久性。例如，在银行转账完成后，即使系统出现故障，转账的结果也应该是持久的，不能因系统问题而导致转账失败。

正是由于事先规定了事务的这些特性，才大大提高了数据库系统的可靠性和安全性，使得数据库系统被各大公司所青睐，能让公司从容应对各种复杂的业务场景。

8.1.3 操作事务

在实际应用中，使用事务来完成数据操作是很常见的。下面介绍如何使用 SQL 语句操作事务。

(1) 开启事务。

```
START TRANSACTION/BEGIN;
```

(2) 提交事务。

```
COMMIT;
```

(3) 回滚事务。

```
ROLLBACK;
```

【例 8-1】开启事务执行插入学生信息和修改学生信息操作。

```
-- 开启事务
mysql> BEGIN;
--本小节添加的内容使用后都会删除
mysql>INSERT INTO t_student (student_name,age,gender,birthday,classID,begin_year)
VALUES (3006,'赵丽丽',20,'女','2003-09-18',3,2023);
mysql> UPDATE t_student SET birthday='2003-02-02' where student_name='赵丽丽';
mysql> INSERT INTO t_score (exam_score,studentID,classID) VALUES (83,3006,1)
-- 提交事务
mysql> COMMIT;
-- 回滚事务
mysql> ROLLBACK;
```

执行此事务会向数据库管理系统提交 3 条 SQL 语句，分别是插入学生信息，修改学生信息以及插入学生成绩。

如果开启了一个事务，并且中间已经执行了很多 DML 语句，忽然发现上一条语句有点问题，这时只好使用 ROLLBACK 语句来让数据库状态恢复到事务执行之前的样子。然后一切从头再来，为了解决这种问题，MySQL 提出了一个保存点(savepoint)的概念，就是在事务对应的 SQL 语句中添加记忆点，在调用 ROLLBACK 语句时可以指定回滚到哪个记忆点，而不是回到最初的原点。

定义保存点的语法如下：

```
SAVEPOINT 保存点名称;
```

想回滚到某个保存点时，语法如下：

```
ROLLBACK TO  保存点名称;
```

【例 8-2】开启事务执行插入学生信息和修改学生信息操作。

```
-- 开启事务
mysql> BEGIN;
--本小节添加的内容使用后都会删除
mysql> INSERT INTO t_student (student_name,age,gender,birthday,classID,begin_year)
VALUES ('刘一鸣',20,'男','2003-08-08',3,2023);
```

```
mysql> SAVEPOINT saveInsertPoint;
mysql> UPDATE t_student SET classID=2 where student_name='赵丽丽';
mysql> INSERT INTO t_score (exam_score,studentID,classID) VALUES (84,3007,1)
-- 提交事务到保存点
mysql> ROLLBACK saveInsertPoint;
-- 回滚事务
mysql> COMMIT;
```

执行完此事务，只会插入一条学生记录，不会执行修改赵丽丽同学的班级，也不会插入成绩，这是因为在执行插入成绩信息的 SQL 语句后，事务又回滚到了保存点，最后提交的事务中就只有一个插入操作。

8.1.4 事务的隔离级别

数据库管理系统允许多人多线程同时对同一个数据库进行操作，在这种情况下，可能会出现数据并发访问的问题。为了保证数据库的一致性、完整性以及读取数据的准确性，通常需要使用数据库事务隔离级别来控制对数据的访问和更新。

数据库管理系统提供了四种事务隔离级别。

1. 隔离级别解析

隔离级别由低到高依次为：

(1) 读未提交(read uncommitted)：最低的隔离级别，允许一个事务能够读取另一个事务未提交的数据。在这个级别下，事务之间的干扰最大，不能保证数据的一致性和正确性，同时可能会产生脏读的问题，但是可以获得最高的性能。

(2) 读已提交(read committed)：一个事务只能读取另一个事务已经提交的数据，不能读取其他未提交的事务修改的数据，从而避免了脏读的问题。这个级别下，事务之间的干扰会减少，但存在幻读和不可重复读的问题。

(3) 可重复读(repeatable read)：一个事务在执行期间多次读取同一个数据时，将返回相同的结果，并不会受到其他事务修改的影响。这个级别下，不可重复读的问题已经解决，但是需要对数据进行锁定，可能会导致性能下降。

(4) 串行化(serializable)：最高的隔离级别，通过对数据进行严格的锁定来确保事务的隔离性。在这种隔离级别下，解决了幻读问题，但由于每个事务都必须等待其他事务执行完毕才能继续执行，因此性能很低。这种隔离级别可以最大程度地确保数据的一致性和隔离性。

数据库的默认级别多数是 read committed(读已提交)，比如 SQL Server、Oracle。但是在 MySQL 数据库中，默认级别是 repeatable read(可重复读)。

2. 事务隔离级别查看

由于版本不同，查看的命令也有所不同。

MySQL 5.7.2 之前的版本使用如下命令查看：

```
mysql> SHOW variables like 'tx_isolation';
```

MySQL 5.7.2 及之后的版本使用如下命令查看：

```
mysql> SHOW variables like 'transaction_isolation';
```

```
+----------------------+-----------------+
| Variable_name        | Value           |
+----------------------+-----------------+
| transaction_isolation | REPEATABLE-READ |
+----------------------+-----------------+
```

3. 事务隔离级别修改

修改隔离级别时，版本不同修改的命令也会有所不同。

MySQL 5.7.2 之前的版本使用如下命令修改：

```
SET [global/session] tx_isolation = 隔离级别;
```

MySQL 5.7.2 及之后的版本使用如下命令修改：

```
SET [global/session] transaction_isolation = 隔离级别;
```

隔离级别的值为枚举类型，级别从低到高依次为 0、1、2、3。

global 全局范围：对当前的会话连接无效，对之后连接的会话有效。

session 会话范围：对当前会话的事务立即生效。如果在已经开启的事务中间执行修改隔离级别操作，不会影响当前正在执行的事务。

全局范围和会话范围都是基于内存的，重启 MySQL 之后又会回到默认的隔离级别。

4. 不同隔离级别事务对数据库的影响

(1) 读未提交。

问题描述：在读未提交级别下，针对同一个数据库开启两个连接会话(以下简称会话)，会话 A 创建事务，修改数据，但是不提交。会话 B 可以读取到会话 A 未提交的数据。

首先登录 MySQL 数据库，创建会话 A。

SQL 语句如下：

```
-- 登录 MySQL 开启会话 A
mysql -uroot -p
Enter password: ******************
mysql> SHOW variables like 'transaction_isolation';
+----------------------+-----------------+
| Variable_name        | Value           |
+----------------------+-----------------+
| transaction_isolation | REPEATABLE-READ |
+----------------------+-----------------+
```

之后再创建并开启一个会话 B，SQL 语句如上。

会话 A 开启事务，执行修改"李子墨"同学出生日期的操作。

```
mysql> USE school_db;
mysql> SELECT student_name,birthday
    -> FROM t_student WHERE student_name='李子墨';
+--------------+------------+
| student_name | birthday   |
+--------------+------------+
| 李子墨       | 2003-02-14 |
```

```
+--------------+------------+
mysql> BEGIN;
mysql> UPDATE t_student SET birthday='2003-10-10' WHERE student_name='李子墨';
```

会话 A 事务不提交，也不关闭。打开会话 B，执行查询操作，查看"李子墨"同学的出生日期。

```
mysql> USE school_db;
mysql> SELECT student_name,birthday
    -> FROM t_student WHERE student_name='李子墨';
+--------------+------------+
| student_name | birthday   |
+--------------+------------+
| 李子墨       | 2003-02-14 |
+--------------+------------+
-- 此时还不能查看未提交的数据
-- 设置隔离级别读未提交
mysql> SET session transaction_isolation=0;
-- 再次查看李子墨的出生日期
mysql> SELECT student_name,birthday
    -> FROM t_student WHERE student_name='李子墨';
+--------------+------------+
| student_name | birthday   |
+--------------+------------+
| 李子墨       | 2003-10-10 |
+--------------+------------+
```

从查询结果可以看到会话 B 读取到了会话 A 中还未提交的事务，这种现象称之为脏读(Dirty Read)。

(2) 读已提交。

脏读问题解决：在修改了会话 B 的隔离级别为读已提交后，就可以解决脏读的问题。

修改会话 B 的隔离级别，再次查询。

SQL 语句如下：

```
-- 设置隔离级别读已提交
mysql> SET session transaction_isolation=1;
-- 再次查看李子墨的出生日期
mysql> SELECT student_name,birthday
    -> FROM t_student WHERE student_name='李子墨';
+--------------+------------+
| student_name | birthday   |
+--------------+------------+
| 李子墨       | 2003-02-14 |
+--------------+------------+
```

设置隔离级别为读已提交，脏读问题已经被解决了。

问题描述：在读已提交级别下，会话 B 对数据进行第一次查询后，会话 A 对该数据进行修改并提交事务 。会话 B 再对该数据进行查询，发现第二次和第一次查询出来的数据不一致。

会话 B 不关闭，会话 A 提交事务。

SQL 语句如下：

```
mysql> COMMIT;
```

```
Query OK, 0 rows affected (0.00 sec)
```

会话 B 再次进行查询。

SQL 语句如下：

```
mysql> SELECT student_name,birthday
    -> FROM t_student WHERE student_name='李子墨';
+--------------+------------+
| student_name | birthday   |
+--------------+------------+
| 李子墨        | 2003-10-10 |
+--------------+------------+
```

从会话B两次查询可以看到两种不同的结果,这种情况称之为不可重复读(Non-repeatable read)。

(3) 可重复读。

不可重复读问题解决：会话 A 再次重复提交事务操作。会话 B 修改事务隔离级别为可重复读，在会话 A 提交事务之前查询一次，在事务提交之后再查询一次，两次查询的结果是一致的。解决了不可重复读的问题。

问题描述：在可重复读级别下，会话 A 和会话 B 同时在一个表中添加同一条数据，会话 B 添加完成后，会话 A 再添加就会报错。

会话 A 开启事务准备添加数据，先查询学生表中的信息。

SQL 语句如下：

```
mysql> SET session transaction_isolation=2;
mysql> USE school_db;
mysql> BEGIN;
mysql> SELECT id FROM t_student;
+------+
| id   |
+------+
| 1001 |
| 1002 |
| 1003 |
| 1004 |
| 1005 |
| 2001 |
| 2002 |
| 2003 |
| 3001 |
| 3002 |
| 3003 |
| 3006 |
| 3007 |
+------+
```

会话 B 开启事务执行添加操作。

SQL 语句如下：

```
mysql> SET session transaction_isolation=2;
mysql> USE school_db;
mysql> BEGIN;
```

```
mysql> INSERT INTO t_student (id,student_name,gender,age,birthday,classID,
begin_year) VALUES (3005,'周珊珊','女',20,'2003-01-01',3,2023);
mysql> COMMIT;
```

会话 A 开始执行添加操作。

SQL 语句如下：

```
-- 再次查询发现学生表中的 id 最大值还是 3007
mysql> SELECT id FROM t_student;
+------+
| id   |
+------+
| 1001 |
| 1002 |
| 1003 |
| 1004 |
| 1005 |
| 2001 |
| 2002 |
| 2003 |
| 3001 |
| 3002 |
| 3003 |
| 3006 |
| 3007 |
+------+
-- 执行添加操作
mysql> INSERT INTO t_student (id,student_name,gender,age,birthday,classID,
begin_year) VALUES (3005,'周小珊','女',20,'2003-01-01',3,2023);
ERROR 1062 (23000): Duplicate entry '3005' for key 't_student.PRIMARY'
```

会话 A 在第二次查询之后发现没有同样的数据，结果在添加时报错，这种情况称为幻读 (phantom read)。

(4) 串行化。

幻读问题解决：设置会话 A 为串行化，然后在会话 A 中开启事务，进行查询操作。在会话 B 中创建事务，往表中添加数据发现被阻塞，只要 A 会话的事务不提交，其他会话的事务都会被阻塞，这就解决了幻读问题。但是不推荐设置此隔离级别，因为它非常影响性能。

提示 ≫ *本章添加的内容都已删除。*

8.2 索引

对于一般的应用系统，数据库的读写比例大概在 10∶1 左右，而且插入操作和一般的更新操作很少会出现性能问题。在生产环境中，遇到最多的，也最容易出问题的，还是一些复杂的查询操作，因此对查询语句的优化显然是重中之重。说到加速查询，就不得不提到索引了。

8.2.1 索引的概念

索引在数据库中也叫作"键",是存储引擎用于快速找到记录的一种数据结构。可以理解为是对表中某些字段的值进行预排序,以加速对这些字段的查找和排序。

存储引擎是关系型数据库管理系统中的一个关键组件,它主要用于实现数据库的存储和管理功能。

8.2.2 索引的原理

索引的目的在于提高查询效率,与查阅图书所用的目录是一个道理:先定位到章,然后定位到该章下的一个小节,最后找到页数。本质都是通过不断地缩小想要获取的数据的范围来筛选出最终想要的结果,同时把随机的事件变成顺序的事件,也就是说,有了这种索引机制,查询时可以总是用同一种查找方式来锁定数据。

例如,学生表中有 2 万条记录,现在要执行这样一个查询: SELECT * FROM t_student WHERE id=10000。如果没有索引,必须遍历整个表,id 值从 1 对比到 10000,直到找到等于 10000 的这一行为止;在 ID 列上创建索引可以将数据划分为多个段(或称为范围),每个段包含一定范围的 ID 值。这样,当执行查询时,数据库引擎可以利用索引的排序特性进行分段查找,而不需要遍历整张表。通过确定查询条件所在范围,可以快速定位到需要的数据行,从而提高查询的效率。

8.2.3 索引的类型及优缺点

MySQL 中索引的存储类型有两种: BTREE 和 HASH,具体和表的存储引擎相关。MyISAM 和 InnoDB 存储引擎只支持 BTREE 索引;MEMORY/HEAP 存储引擎可以支持 HASH 和 BTREE 索引。不管是哪种存储类型的索引,它们都是用来帮助开发者进行快速查找的。因此了解索引的优缺点,可以帮助开发者选择创建更合适的索引。

索引的优点主要有以下几条。

(1) 通过创建唯一索引可以保证数据库表中每一行数据的唯一性。

(2) 可以大大加快数据的查询速度,这也是创建索引的最主要的原因。

(3) 在实现数据的参考完整性方面,可以加速表和表之间的连接(参考完整性是指在数据库中的关联表之间通过定义外键关系表保证数据的一致性)。

(4) 在使用分组和排序子句进行数据查询时,也可以显著减少查询中分组和排序的时间。

增加索引也有许多不利的方面,主要表现在如下几个方面。

(1) 创建索引和维护索引要耗费时间,并且随着数据量的增加所耗费的时间也会增加。

(2) 索引需要占磁盘空间,除了数据表占数据空间之外,每一个索引还要占一定的物理空间,如果有大量的索引,索引文件可能比数据文件更快达到最大文件尺寸。

(3) 当对表中的数据进行增加、删除和修改的时候,索引也要动态地维护,这样就降低了数据的维护速度。

8.2.4 索引的分类

在 MySQL 中,索引可以分为 5 类。

1. 普通索引(normal index)

普通索引是 MySQL 中的基本索引类型，允许在定义索引的列中插入重复值和空值。

普通索引有以下特点和限制。

(1) 普通索引可以建立在单个列或者多个列组合上，但不支持对表达式或函数的索引查找。

(2) 普通索引允许空值，但一般不建议对含有大量空值的列建立索引。

(3) 普通索引只能加速等值查找和某些范围查找，不能优化 LIKE 子句或其他复杂的查询语句。

(4) 普通索引的建立会增加数据库的插入、更新和删除的时间，因为需要维护索引的排序和位置关系。

2. 唯一索引(unique index)

唯一索引的索引列值必须唯一，但允许有空值。若是组合索引，则列值的组合必须唯一。主键索引是一种特殊的唯一索引，不允许有空值。

唯一索引有以下的特点和限制。

(1) 唯一索引确保索引列中的值在整个表中是唯一的，却不允许有重复值。如果有空值，可以存在多个空值，因为空值被视为一个特殊值。

(2) 唯一索引可以建立在单个列或者多个列组合上。

(3) 同一个表中可以同时存在多个唯一索引，每个唯一索引可以保证其中的列的唯一性。

(4) 当插入重复的值时，数据库会拒绝插入重复行并报错。

3. 联合索引(composite index)

联合索引又称组合索引或复合索引，是 MySQL 中的一种特殊索引类型，用于对多个列进行组合索引，以提高多列查询的效率。

联合索引有以下的特点和限制。

(1) 联合索引可以将多个列组合在一个索引中，从而提高多列查询的查询速度。

(2) 联合索引的顺序非常重要，不同的顺序可能会影响查询性能。一般情况下，索引的最左匹配原则可以优化查询性能(最左匹配原则：数据库查询优化器会优先使用索引中最左边的列进行匹配，并根据匹配结果进行进一步的筛选)。

(3) 联合索引可以包含唯一标识符列或普通列，唯一标识符列需要保证唯一性。

(4) 当查询条件涉及联合索引中的连续几个列时，联合索引可以被完全利用并加速查询。否则，只能使用从索引中匹配部分列的策略，相对效率较低。

4. 全文索引(full-text index)

全文索引类型为 FULLTEXT，在定义索引的列上支持值的全文查找，允许在这些索引列中插入重复值和空值。全文索引可以在 CHAR、VARCHAR 或者 TEXT 类型的列上创建。MySQL 中只有 MyISAM 存储引擎支持全文索引。

5. 空间索引(spatial index)

空间索引是对空间数据类型的字段建立的索引，用于在 GIS(地理信息系统)中处理空间数据。MySQL 中的空间数据类型有 4 种，分别是 GEOMETRY、POINT、LINESTRING 和 POLYGON。MySQL 使用 SPATIAL 关键字进行扩展，从而能够以与创建正规索引类似的语法创建空间索引。创建空间索引的列必须声明为 NOT NULL，空间索引只能在存储引擎为 MyISAM 的表中创建。

8.2.5　索引的创建

MySQL 支持多种方法在单个或多个列上创建索引：在创建表的定义语句 CREATE TABLE 中指定索引列，使用 ALTER TABLE 语句在存在的表上创建索引，或者使用 CREATE INDEX 语句在已存在的表上添加索引。本小节将详细介绍这 3 种方法。

1. 创建表的时候创建索引

使用 CREATE TABLE 创建表时，除了可以定义列的数据类型外，还可以定义约束条件，可以是外键约束或者唯一性约束，而不论创建哪种约束，在定义约束的同时相当于在指定列上创建了一个索引。创建表时创建索引的基本语法格式如下：

```
CREATE TABLE 表名 (
        字段名1    数据类型 [完整性约束条件…],
        字段名2    数据类型 [完整性约束条件…],
        [UNIQUE | FULLTEXT | SPATIAL ]    INDEX | KEY
        [索引名]    (字段名[(长度)]   [ASC |DESC])
    );
```

UNIQUE、FULLTEXT 和 SPATIAL 为可选参数，分别表示唯一索引、全文索引和空间索引；INDEX 与 KEY 为同义词，两者的作用相同，用来指定创建索引；索引名如果不指定，MySQL 默认字段名为索引名；长度指的是索引的长度，只有字符串类型的字段才能指定索引长度；ASC 或 DESC 指定升序或者降序的索引值存储。

2. 在已存在的表上创建索引

在已经存在的表中创建索引可以使用 ALTER TABLE 语句或者 CREATE INDEX 语句。
ALTER TABLE 语句创建索引的基本语法如下：

```
ALTER TABLE 表名 ADD  [UNIQUE | FULLTEXT | SPATIAL ] INDEX
索引名 (字段名[(长度)]   [ASC |DESC]) ;
```

CREATE INDEX 语句可以在已经存在的表上添加索引，MySQL 中 CREATE INDEX 被映射到一个 ALTER TABLE 语句上，创建索引的操作被视为对表的结构进行更改的一部分。基本语法结构为：

```
CREATE  [UNIQUE | FULLTEXT | SPATIAL ]  INDEX  索引名
ON 表名 (字段名[(长度)]   [ASC |DESC]) ;
```

3. 创建普通索引

【例 8-3】创建 student 表时为学生姓名列加上索引。

SQL 语句如下：

```
mysql> CREATE TABLE student
(
id INT AUTO_INCREMENT PRIMARY KEY, -- 学号
student_name VARCHAR(10) NOT NULL, -- 姓名
gender ENUM('男','女')  default '男', -- 性别 默认值为男
age INT, -- 年龄
```

```
  INDEX(student_name)
  );
```

该语句执行完毕之后，使用 SHOW CREATE TABLE 查看表结构：

```
  +---------+---------------------------------------------------------------
----------------------------------------------------------------------------
----------------------------------------------------------------------------
----------------------------------------------------------------------------
------------------------------------+
  | Table   | Create Table


  |
  +---------+---------------------------------------------------------------
----------------------------------------------------------------------------
----------------------------------------------------------------------------
----------------------------------------------------------------------------
------------------------------------+
  | student | CREATE TABLE `student` (
    `id` int NOT NULL AUTO_INCREMENT,
    `student_name` varchar(10) COLLATE utf8mb4_general_ci NOT NULL,
    `gender` enum('男','女') COLLATE utf8mb4_general_ci DEFAULT '男',
    `age` int DEFAULT NULL,
    PRIMARY KEY (`id`),
    KEY `student_name` (`student_name`)
  ) ENGINE=InnoDB DEFAULT CHARSET=utf8mb4 COLLATE=utf8mb4_general_ci |
  +---------+---------------------------------------------------------------
----------------------------------------------------------------------------
----------------------------------------------------------------------------
----------------------------------------------------------------------------
------------------------------------+
```

从查询的结果可以看出，已经对姓名列创建了索引，索引名称为`student_name`。

4. 创建联合索引

联合索引是在多个字段上创建一个索引。

【例 8-4】创建 student 表时为学生姓名和手机号加上索引。

SQL 语句如下：

```
mysql> CREATE TABLE student
(
id INT AUTO_INCREMENT PRIMARY KEY, -- 学号
student_name VARCHAR(10) NOT NULL, -- 姓名
gender ENUM('男','女')  default '男', -- 性别 默认值为男
age INT, -- 年龄
phone VARCHAR(11) not null,
INDEX student_name_phone (student_name,phone)
);
```

执行完新的创建表命令后，使用 SHOW CREATE TABLE 查看表结构。

```
mysql> SHOW CREATE TABLE student;
    +---------+----------------------------------------------------------------
------------------------------------------------------------------------------
------------------------------------------------------------------------------
------------------------------------------------------------------------------
------------------------------------------------------------------------------
-------------------------+
    | Table   | Create Table

                                                                         |
    +---------+----------------------------------------------------------------
------------------------------------------------------------------------------
------------------------------------------------------------------------------
------------------------------------------------------------------------------
------------------------------------------------------------------------------
-------------------------+
    | Student | CREATE TABLE `student` (
      `id` int NOT NULL AUTO_INCREMENT,
      `student_name` varchar(10) COLLATE utf8mb4_general_ci NOT NULL,
      `gender` enum('男','女') COLLATE utf8mb4_general_ci DEFAULT '男',
      `age` int DEFAULT NULL,
      `phone` varchar(11) COLLATE utf8mb4_general_ci NOT NULL,
      PRIMARY KEY (`id`),
      KEY `student_name_phone` (`student_name`,`phone`)
    ) ENGINE=InnoDB DEFAULT CHARSET=utf8mb4 COLLATE=utf8mb4_general_ci |
    +---------+----------------------------------------------------------------
------------------------------------------------------------------------------
------------------------------------------------------------------------------
------------------------------------------------------------------------------
------------------------------------------------------------------------------
-------------------------+
```

从查询的结果可以看出，已经对姓名和电话列创建了联合索引。

5. 查询效率对比

针对某一列或多列创建完索引后，能大大提高查询的效率。接下来介绍一下有索引和无索引在查询时的区别。

(1) 查询比较。

创建两个表 student1、student2，student1 添加主键索引，student2 无索引。两张表分别添加 100 000 条记录。

SQL 语句如下：

```
mysql> CREATE TABLE student1(
        id INT AUTO_INCREMENT PRIMARY KEY, -- 学号
        student_name VARCHAR(10) not null
    );
mysql> CREATE TABLE student2(
        id INT AUTO_INCREMENT, -- 学号
        student_name VARCHAR(10) not null
    );
```

```
-- 创建存储过程, 插入 100 000 条件记录
DELIMITER //
CREATE PROCEDURE insert_100000_rows()
BEGIN
    DECLARE i INT DEFAULT 1;
    WHILE i <= 100000 DO
        INSERT INTO student1(id,student_name) VALUES (i, CONCAT('张三',i));
        INSERT INTO student2(id,student_name) VALUES (i, CONCAT('张三',i));
            SET i = i + 1;
    END WHILE;
END //
DELIMITER ;
-- 存储过程中的//不要省略
-- 调用存储过程 插入的数据量较大需要等待一段时间
mysql> CALL insert_100000_rows();
Query OK, 1 row affected (341.874 sec)
-- 查询两个表的数据
mysql> select count(*) from student1;
+-----------+
| count(*)  |
+-----------+
|    100000 |
+-----------+
mysql> select count(*) from student2;
+-----------+
| count(*)  |
+-----------+
|    100000 |
+-----------+
-- 从查询结果可以看出数据已经插入完成
-- 查询两张表, 看一下查询的时间
mysql> select * from student1 where id=100000;
+--------+--------------+
| id     | student_name |
+--------+--------------+
| 100000 | 张三100000   |
+--------+--------------+
1 row in set (0.015 sec)
mysql> select * from student2 where id=100000;
+--------+--------------+
| id     | student_name |
+--------+--------------+
| 100000 | 张三100000   |
+--------+--------------+
1 row in set (0.055 sec)
```

  student1、student2 这两张表的数据结构和数据都一致。10 万量级的数据, 两者的查询效率就差了近 4 倍。

  (2) 使用查询计划进行比较。

  查询计划, 也称为执行计划(execution plan), 是指数据库执行查询语句时, 系统生成的一种数

据结构，它描述了查询语句如何被执行以及使用哪些索引和算法。

执行计划对于优化查询语句，提高查询性能非常重要。可以通过生成执行计划来分析查询语句的性能瓶颈，找到查询语句的瓶颈所在，并有针对性地进行优化。

在 MySQL 中，可以使用 EXPLAIN 关键字来生成查询计划。

```
-- 第一个查询使用索引列
mysql> EXPLAIN SELECT * FROM t_student WHERE id=6;
+----+-------------+-----------+------------+-------+---------------+---------+
| id | select_type | table     | partitions | type  | possible_keys | key     |
+----+-------------+-----------+------------+-------+
key_len | ref   | rows | filtered | Extra |
+----+-------------+-----------+------------+-------+---------------+---------+
| 1  | SIMPLE      | t_student | NULL       | const | PRIMARY       | PRIMARY |
+----+-------------+-----------+------------+-------+
4       | const | 1    | 100.00   | NULL  |
+----+-------------+-----------+------------+-------+---------------+---------+
---------+-------+------+----------+-------+
```

```
-- 第二个查询不用索引列
mysql> EXPLAIN SELECT * FROM t_student WHERE classID=1;
+----+-------------+-----------+------------+------+---------------+------+
| id | select_type | table     | partitions | type | possible_keys | key  |
+----+-------------+-----------+------------+------+
key_len | ref  | rows | filtered | Extra      |
+----+-------------+-----------+------------+------+---------------+------+
| 1  | SIMPLE      | t_student | NULL       | ALL  | NULL          | NULL |
+----+-------------+-----------+------------+------+
NULL    | NULL | 7    | 14.29    | Using where |
+----+-------------+-----------+------------+------+---------------+------+---
------+------+------+----------+------------+
```

EXPLAIN 语句输出结果的各个关键字解释如下。

- select_type 指定使用的 SELECT 查询类型，值 SIMPLE 的含义是：简单查询，不适用 UNION 或子查询。其他可能的取值有：PRIMARY、UNION、SUBQUERY 等。
- table 行指定数据库读取的数据表的名字。
- 联合查询所使用的类型，type 显示的是访问类型，是较为重要的一个指标，结果值从好到坏依次是：system>const>eq_ref>ref>fulltext>ref_or_null>index_merge>unique_subquery>index_subquery> range > index > ALL。一般来说，须保证查询至少达到 range 级别，最好能达到 ref 级别。
- possible_keys：指出 MySQL 能使用哪个索引在该表中找到行。如果是空的，没有相关的索引。这时要提高性能，可通过检验 WHERE 子句，看是否存在合适的索引。
- key：显示 MySQL 实际决定使用的键。如果没有索引被选择，键是 NULL。如果值是 PRIMARY 就说明使用了主键，如果是 NULL 则说明没有索引被使用。
- key_len：显示 MySQL 决定使用的键长度。如果键是 NULL，长度就是 NULL。
- ref：显示哪个字段或常数与 key 一起被使用。
- rows：这个数表示要遍历多少数据才能找到所要的记录，在 InnoDB 上是不准确的。
- filtered：它指返回结果的行占需要读到的行(rows 列的值)的百分比。

- Extra：如果是 Only index，这意味着所需的信息只需索引树中的信息即检索出的，这比扫描整个表要快。如果是 Using where，就是使用上了 where 限制，如果是 impossible where 表示用不着 where，一般就是没查出来数据。

第一个查询使用索引列，type 访问类型是 const，说明查询的效率较高。第二个查询没有使用索引列，type 访问类型是 ALL，说明查询的效率最差。通过查询计划的访问类型也能看出列加了索引后，能大大提高查询效率。

8.3 视图

在实际操作中，经常会遇到复杂的查询场景，需要多次连接不同的数据表，同时筛选数据进行查询。此时，视图就成了方便查询的非常有效的工具之一。

本小节将讲解如何在 MySQL 数据库中定义、查看、修改、删除视图以及在实际操作中如何使用视图。

8.3.1 概念

视图是 MySQL 中的一种虚拟表，它是由一条或多条 SQL 语句组成的查询结果集合。利用视图，可以将多条 SQL 查询语句组织成一个逻辑单元，方便用户调用和重用。视图不仅可以简化 SQL 语句的编写和维护工作，还可以提高查询效率，降低运维成本。

视图中的数据来源可以是基本表，也可以是其他视图。

8.3.2 视图的优点

(1) 简单便捷。

使用视图时用户完全不需要关注后面对应的表的结构、关联条件和筛选条件，对用户来说已经是过滤好的复合条件的结果集。

(2) 安全有效。

通过使用视图，可以将数据表的查询结果集封装在视图中，并针对不同的用户分配不同的视图权限，从而控制用户能够访问和查询的数据。

(3) 数据独立。

一旦视图的结构确定了，就可以屏蔽基本表结构变化对用户的影响，基本表增加列对视图没有影响；基本表修改列名，则可以通过修改视图来解决，不会造成对用户的影响。

8.3.3 视图的操作

1. 定义视图

创建视图是通过使用 CREATE VIEW 语句来实现的，语法如下：

```
CREATE VIEW <视图名> AS <SELECT 语句>;
```

<视图名>：指定视图的名称。该名称在数据库中必须是唯一的，不能与其他表或视图同名。
<SELECT 语句>：指定创建视图的 SELECT 语句，可用于查询多个基础表或源视图。

视图定义中引用的表或视图必须存在。如果不存在则无法定义。视图定义中允许使用 ORDER BY 语句，但是若从特定视图进行选择，而该视图使用了自己的 ORDER BY 语句，则视图定义中的 ORDER BY 将被忽略。

【例 8-5】在 school_db 数据库创建基于单表的视图。

SQL 语句如下：

```
mysql> CREATE VIEW view_student_info
     AS SELECT * FROM t_student;
Query OK, 0 rows affected (0.01 sec)
mysql> SELECT * FROM view_student_info;
```

id	student_name	gender	birthday	age	classID	begin_year
1001	张耀仁	男	2003-02-21	20	1	2023
1002	李启全	男	2002-06-21	21	1	2023
1003	许名瑶	女	2002-02-11	21	1	2023
1004	章涵	男	2003-11-07	20	1	2023
1005	司志清	男	2003-10-14	NULL	1	2023
2001	马云博	男	2002-10-14	21	2	2023
2002	刘帅兵	男	2001-10-14	NULL	2	2023
2003	许云	女	2001-10-14	22	2	2023
3001	张云龙	男	2004-09-14	19	3	2023
3002	刘帅兵	男	2005-05-14	18	3	2023
3003	李子墨	女	2003-02-14	20	3	2023

【例 8-6】在 school_db 数据库创建基于多表的视图。

SQL 语句如下：

```
mysql> CREATE VIEW view_student_class_info
    -> AS SELECT st.student_name,cl.class_name
    -> FROM t_student st
    -> LEFT JOIN t_class cl
    -> ON st.classID=cl.id;
mysql> SELECT * FROM view_student_class_info;
```

student_name	class_name
张耀仁	1班
李启全	1班
许名瑶	1班
章涵	1班
司志清	1班
马云博	2班
刘帅兵	2班
许云	2班
张云龙	3班
刘帅兵	3班
李子墨	3班
周珊珊	3班

【例 8-7】在 school_db 中创建基于其他视图的视图。

SQL 语句如下：

```
mysql> use school_db;
-- 定义视图，视图名称view_student_class_info_view，视图的数据来源为另外一个视图
mysql> CREATE VIEW view_student_class_info_view
       AS SELECT *
       FROM view_student_class_info
       ORDER BY class_name DESC;
Query OK, 0 rows affected (0.00 sec)
-- 查询视图
mysql>  SELECT * FROM view_student_class_info_view;
+--------------+------------+
| student_name | class_name |
+--------------+------------+
| 张云龙        | 3班        |
| 刘帅兵        | 3班        |
| 李子墨        | 3班        |
| 周珊珊        | 3班        |
| 马云博        | 2班        |
| 刘帅兵        | 2班        |
| 许云          | 2班        |
| 张耀仁        | 1班        |
| 李启全        | 1班        |
| 许名瑶        | 1班        |
| 章涵          | 1班        |
| 司志清        | 1班        |
+--------------+------------+
-- 查询结果显示的数据和查询 view_student_class_info 视图的数据完全一致，只是顺序不同
-- 查询视图，在查询视图时，再进行排序
mysql>  SELECT * FROM view_student_class_info_view;
+--------------+------------+
| student_name | class_name |
+--------------+------------+
| 张耀仁        | 1班        |
| 李启全        | 1班        |
| 许名瑶        | 1班        |
| 章涵          | 1班        |
| 司志清        | 1班        |
| 马云博        | 2班        |
| 刘帅兵        | 2班        |
| 许云          | 2班        |
| 张云龙        | 3班        |
| 刘帅兵        | 3班        |
| 李子墨        | 3班        |
| 周珊珊        | 3班        |
+--------------+------------+
```

最终的查询结果，显示的是按照 class_name 升序排序。视图中封装的查询是按照 class_name 进行降序排序。也就意味着视图中的排序没有生效，最终生效的是查询视图时定义的排序规则。

2. 查看视图

使用 SHOW 命令可以查看当前数据库中的所有视图。

【例 8-8】查看 school_db 数据库中所有的视图。

SQL 语句如下：

```
mysql> use school_db;
mysql> SHOW FULL TABLES WHERE table_type = 'VIEW';
+------------------------+------------+
| Tables_in_school_db    | Table_type |
+------------------------+------------+
| view_student_class_info | VIEW      |
| view_student_info      | VIEW       |
+------------------------+------------+
```

该命令将会列出当前数据库中所有视图的信息，包括视图名称(Tables_in_school_db)等。

还可以使用 DESCRIBE 命令或 SHOW CREATE VIEW 命令查看特定的视图。

【例 8-9】查看 view_student_info 视图。

SQL 语句如下：

```
mysql> use school_db;
mysql> DESCRIBE view_student_info;
+------------+------------+------+-----+---------+-------+
| Field      | Type       | Null | Key | Default | Extra |
+------------+------------+------+-----+---------+-------+
| id         | int        | NO   |     | 0       |       |
| name       | varchar(5) | YES  |     | NULL    |       |
| gender     | varchar(2) | YES  |     | NULL    |       |
| age        | int        | NO   |     | NULL    |       |
| birthday   | date       | YES  |     | NULL    |       |
| classID    | int        | YES  |     | NULL    |       |
| begin_year | year       | YES  |     | NULL    |       |
+------------+------------+------+-----+---------+-------+
```

该命令将会列出特定视图的详细信息，包括视图列(Field)、列类型(Type)、是否为空(Null)等。

3. 修改视图

修改视图是指修改数据库中存在的视图结构，当基本表的某些字段发生变化时，可以通过修改视图来保持与基本表的一致性。

可以使用 ALTER VIEW 语句来对已有的视图进行修改。

【例 8-10】修改 view_student_info 视图。

SQL 语句如下：

```
mysql> ALTER VIEW view_student_info AS
    SELECT st.student_name,cl.class_name ,AVG(sc.exam_score)
     FROM t_student st
     ON st.classID=cl.id
     LEFT JOIN t_score sc
     ON sc.studentID=st.id
      GROUP BY st.id;
```

```
mysql> SELECT * FROM view_student_info;
+--------------+------------+--------------------+
| student_name | class_name | AVG(sc.exam_score) |
+--------------+------------+--------------------+
| 张耀仁       | 1班        |            86.0000 |
| 李启全       | 1班        |            53.6667 |
| 许名瑶       | 1班        |            87.3333 |
| 章涵         | 1班        |            78.6667 |
| 司志清       | 1班        |            61.3333 |
| 马云博       | 2班        |            49.0000 |
| 刘帅兵       | 2班        |            88.6667 |
| 许云         | 2班        |            92.3333 |
| 张云龙       | 3班        |               NULL |
| 刘帅兵       | 3班        |               NULL |
| 李子墨       | 3班        |               NULL |
| 周珊珊       | 3班        |               NULL |
+--------------+------------+--------------------+
```

4. 删除视图

删除视图是指删除 MySQL 数据库中已存在的视图。删除视图时，只能删除视图的定义，不会删除数据。

可以使用 DROP VIEW 语句来删除视图。

【例 8-11】删除 view_student_class_info_view 视图。

SQL 语句如下：

```
mysql> use school_db;
mysql> DROP VIEW IF EXISTS view_student_class_info_view;
Query OK, 0 rows affected (0.00 sec)
mysql> SHOW FULL TABLES WHERE table_type = 'VIEW';
+-------------------------+------------+
| Tables_in_school_db     | Table_type |
+-------------------------+------------+
| view_student_class_info | VIEW       |
| view_student_info       | VIEW       |
+-------------------------+------------+
```

执行删除后再次查询，显示的视图中已无 view_student_class_info_view。

本章总结

- 在 MySQL 中使用 START TRANSACTION 或 BEGIN 语句开启事务，使用 COMMIT 语句提交事务，使用 ROLLBACK 语句回滚事务。
- MySQL 默认使用自动提交模式，这意味着每个查询都会立即被提交。若要使用事务，需要先使用 START TRANSACTION 或 BEGIN 命令开启事务。
- 在事务处理中，需要注意事务的 4 个特性：原子性、一致性、隔离性和持久性。

- 在 MySQL 中，默认的隔离级别是 REPEATABLE READ。如果使用了高级的隔离级别，会增加锁的数量和范围，导致性能下降和死锁等问题。因此，在选择隔离级别时，需要权衡一些因素，如并发性、数据准确性、读写速度等。
- 索引可以加速数据查找，索引的存储类型有 BTREE 索引、HASH 索引。
- 索引会占用更多的空间，创建索引需慎重考虑，原则是在需要经常查询的列上建立索引。
- 在关系型数据库中，可以使用 CREATE INDEX 语句创建索引。使用 DESCRIBE 语句查询表结构和索引，可以查看索引的基本信息。使用 EXPLAIN 语句可以查看查询语句对应的查询执行计划，以便优化 SQL 语句。
- 视图可以理解为一个虚拟的表，但它并不存储具体的数据，而是通过查询基本表得到的。
- 在创建视图时，需要通过 SQL 查询语句指定数据来源，即基本表。
- 视图的作用在于简化查询和表达复杂查询，这样可以降低应用对数据库的复杂度和对数据库的维护成本。
- MySQL 中创建视图的语句是 CREATE VIEW，可以通过 ALTER VIEW 语句修改视图，通过 DROP VIEW 语句删除视图。

上机练习

上机练习一　事务提交

1. 训练技能点

使用事务进行数据更新操作。

2. 任务描述

现在要求在一个事务中进行如下操作并提交。
- 向表中插入一条学生信息。
- 根据学生 ID 更新学生姓名和年龄。
- 删除年龄小于 18 岁的学生信息。

3. 做一做

根据任务描述，使用事务进行巩固练习，检查学习效果。

上级练习二　事务提交

1. 训练技能点

使用事务进行数据更新操作。

2. 任务描述

创建数据库 test，在 test 数据库中创建数据表 account，用于模拟银行账户信息，并录入两条数据模拟用户。account 表的结构如表 8-1 所示。

表 8-1　银行账户表

列名	数据类型	约束	说明
id	INT	主键	银行卡卡号
account_name	VARCHAR(20)	非空	客户姓名
phone	VARCHAR(11)	非空	联系方式
balance	DECIMAL(30,5)		账户余额

关键代码如下：

```
mysql> CREATE TABLE account(
    id,INT AUTO_INCREMENT PRIMARY KEY,
    account_name VARCHAR(20) NOT NULL,
    phone VARCHAR(11) NOT NULL,
    balance DECIMAL(30,5)
);
mysql> INSERT INTO Account VALUES('6225214702630552','张三','13541522563',100);
Query OK, 1 row affected
mysql> INSERT INTO Account VALUES('6225214702630562','李四','13012123443',100);
Query OK, 1 row affected
```

使用事务来模拟两个账户的转账，注意任何一个账户的余额不能小于 0。

3. 做一做

根据任务描述，使用事务对所学知识进行巩固练习，检查学习效果。

上机练习三　创建索引

1. 训练技能点

创建索引并测试索引的性能优化程度。

2. 任务描述

在 test 数据库中创建一个 student 表，现在要求在表中添加一个索引(index)，以优化根据学生姓名查询学生信息的性能。请编写相应的 SQL 语句以实现该要求，并通过查询语句测试索引的性能优化程度。student 表的结构如表 8-2 所示。

表 8-2　学生信息表

列名	数据类型	约束
id	INT	主键
student_name	VARCHAR(20)	非空
phone	VARCHAR(11)	非空
gender	ENUM('男','女')	

3. 做一做

根据任务描述，使用创建索引语句进行索引的巩固练习，检查学习效果。

上机练习四 创建视图

1. 训练技能点

视图的使用。

2. 任务描述

现在要求在 school_db 中创建一个视图(view_student_san)，仅包含学生 ID 和姓名两个字段，并且只包含姓名为"张耀仁"的学生记录。请编写相应的 SQL 语句以实现该要求。

3. 做一做

根据任务描述，使用创建视图语句进行视图的巩固练习，检查学习效果。

巩固练习

一、选择题

1. 下列不符合数据库事务的 ACID 特性的是(　　)。
  A. 数据库插入操作   B. 数据库查询操作
  C. 数据库删除操作   D. 数据库更新操作

2. 以下隔离级别能够避免脏读和不可重复读现象的是(　　)。
  A. 读未提交   B. 读已提交
  C. 可重复读   D. 串行化

3. 在 MySQL 数据库中，隔离级别可以避免幻读现象的是(　　)。
  A. 读未提交   B. 读已提交
  C. 可重复读   D. 串行化

4. 可以优化数据库索引的性能的措施是(　　)。
  A. 将索引占用的存储空间设置为最小值
  B. 使用 HASA 索引代替 BTREE 索引
  C. 创建联合索引，减少数据库 IO 次数
  D. 将所有索引都设置为唯一索引

5. 在 MySQL 数据库中，可以创建视图的命令是(　　)。
  A. CREATE DATABASE   B. CREATE TABLE
  C. CREATE INDEX   D. CREATE VIEW

二、填空题

1. 事务的四个属性分别是_____、_____、_____、_____。

2. 数据库操作的基本单位是事务，通常采取的操作方式是：开始事务(_____)、提交事务(_____)、回滚事务(_____)。

3. _____索引是指对两个或多个列进行索引，当查询涉及联合索引中的多个列时，可以减少数据库的 IO 次数，提高查询效率。

4. 在关系型数据库中，_____是一种虚拟的表，是由一个或多个基本表经过一定操作得到的结果集。

5. 当原表的结构和数据发生变化时，与这个视图相关联的视图也会随之发生变化，这种特性称之为_____。

存储过程和触发器　第 **9** 章

在本章中，我们将深入探讨 MySQL 中的存储过程、触发器的概念、优点和用途。读者将学习如何创建和执行存储过程和函数，以及如何使用触发器实现各种功能，如数据验证、审计和同步。通过实例演示和最佳实践指南，读者将获得对存储过程、函数和触发器的全面理解，并能够灵活运用它们来提升数据库的功能和性能。

学习目标

- 掌握存储过程的概念
- 掌握存储过程的语法及应用场景
- 掌握触发器的概念
- 掌握触发器的语法及应用场景

9.1 存储过程

存储过程(stored procedure)是在数据库中定义的一些 SQL 语句的集合，然后直接调用过程来执行已经定义好的 SQL 语句。存储过程和函数可以避免开发人员重复编写相同的 SQL 语句。而且，存储过程是在 MySQL 服务器中存储和执行的，可以减少客户端和服务器端的数据传输。

9.1.1 存储过程

1. 存储过程概述

存储过程是一段预先编译好并存储在数据库中的可重复使用的代码块。它是由一组 SQL 语句和程序逻辑组成，可作为一个整体在数据库服务器上执行。存储过程可以接收输入参数、执行一系列的 SQL 语句和逻辑操作，并可以返回一个或多个结果。

存储过程通常用于实现复杂的业务逻辑和处理过程，可以包含条件判断、循环、流程控制等语句，从而能够实现更复杂的数据操作和业务规则。存储过程可以封装常用的数据处理逻辑，提高代码的复用性和执行效率。它还可以通过事务管理来确保数据的一致性和完整性。

存储过程可以在数据库服务器上创建、修改和删除，然后可以通过调用存储过程的方式来执行其中的代码块。存储过程可以通过输入参数来接收外部传递的数据，并可以通过输出参数、返回值或结果集来返回处理结果。它可以被其他程序、应用或触发器调用，并且可以对事务进行控制，确保数据的安全和完整性。

存储过程是一种数据库对象，用于封装和执行一组 SQL 语句和程序逻辑，提供了一种有效的方式来处理复杂的数据操作和业务规则。通过使用存储过程，可以提高数据库的性能、可维护性和安全性。

2. 存储过程的优点和缺点

(1) 优点。

- 代码重用：存储过程可以在多个地方调用，避免了重复编写相同的 SQL 语句。
- 提高性能：存储过程在数据库服务器上执行，减少了网络通信的开销，提高了执行效率。
- 数据库逻辑封装：存储过程可以将复杂的业务逻辑封装在数据库中，简化了应用程序的开发和维护。
- 数据安全性：存储过程可以实现权限控制和数据验证，保证了数据的安全性和一致性。
- 数据库操作的一致性：存储过程可以将多个 SQL 操作作为一个原子操作来执行，保证了数据库操作的一致性。

(2) 缺点。

- 依赖数据库系统：存储过程是与特定数据库系统相关的，如果切换数据库系统，则可能需要重新编写和调整存储过程。
- 可移植性差：存储过程的语法和功能在不同的数据库系统之间可能存在差异，不太容易迁移和移植。
- 难以调试和测试：存储过程在数据库服务器端执行，调试和测试相对于在客户端执行的代码更加困难。

3. 存储过程的创建和执行

创建一个存储过程通常包括以下内容：

- 存储过程的名称：用于唯一标识存储过程的名称。
- 输入参数和输出参数：定义存储过程所需的输入参数和输出参数。
- SQL 语句块：包含一系列的 SQL 语句，用于实现存储过程的逻辑操作。
- 返回结果：定义存储过程的返回结果，可以是一个或多个结果集。

存储过程的执行可以通过调用存储过程的名称和传递参数来实现。执行存储过程可以使用 SQL 的 CALL 语句或者在应用程序中使用相应的 API 进行调用。执行存储过程时，数据库会按照预定义的逻辑操作执行其中的 SQL 语句，并将结果返回给调用者。

9.1.2　存储过程的语法及使用

1. 存储过程的定义及关键语法

```
CREATE PROCEDURE procedure_name ([parameter_list])
    [characteristics]
    BEGIN
        -- 存储过程体，包含一系列的 SQL 语句和逻辑
    END;
```

说明：

- procedure_name 是存储过程的名称。
- parameter_list 是可选的输入参数列表。
- characteristics 是可选的存储过程特性，如 DETERMINISTIC、COMMENT 等。

在正式讲解各种用法之前，先学习一下与使用存储过程有关的关键语法。

(1) 可用如下方式来自定义语句的结束符号。

```
DELIMITER $$
```
或
```
DELIMITER //
```

(2) 声明存储过程。

```
CREATE PROCEDURE demo_in_parameter(IN p_in int)
```

(3) 存储过程开始和结束。

```
BEGIN...END
```

(4) 变量赋值。

```
SET @p_in=1
```

(5) 变量定义。

```
DECLARE var1 VARCHAR(50) DEFAULT 'Hello';
```

(6) 调用存储过程。

```
CALL demo_in_parameter([参数])
```

下面通过一个案例，展示存储过程的执行过程。

【例 9-1】创建一个存储过程，根据传入的学生编号，删除学生信息。

```
mysql> delimiter $$ #将语句的结束符号从分号;临时改为$$(可以自定义)
mysql> CREATE PROCEDURE pro_delete_student(IN s_id INTEGER)
    -> BEGIN
    -> DELETE FROM t_student
    -> WHERE id = s_id;
    -> END$$
mysql> delimiter ;#将语句的结束符号恢复为分号,注意中间需要有空格
```

解析：默认情况下，存储过程和数据库相关联。如果想指定在某个特定的数据库下创建存储过程，那么在过程名前面加数据库名做前缀。

在定义过程时，使用 DELIMITER $$ 命令将语句的结束符号从分号;临时改为$$，使得过程体中使用的分号被直接传递到服务器，而不会被客户端(如 MySQL)解释。

调用存储过程查看效果：

```
mysql> SELECT * FROM t_student;
```

id	student_name	gender	birthday	age	classID	begin_year
1001	张耀仁	男	2003-02-21	20	1	2023
1002	李启全	男	2002-06-21	21	1	2023
1003	许名瑶	女	2002-02-11	21	1	2023
1004	章涵	男	2003-11-07	20	1	2023
1005	司志清	男	2003-10-14	NULL	1	2023
2001	马云博	男	2002-10-14	21	2	2023
2002	刘帅兵	男	2001-10-14	NULL	2	2023
2003	许云	女	2001-10-14	22	2	2023
3001	张云龙	男	2004-09-14	19	3	2023
3002	刘帅兵	男	2005-05-14	18	3	2023
3003	李子墨	女	2003-02-14	20	3	2023
3005	周珊珊	女	2003-01-01	20	3	2023

```
mysql> call pro_delete_student(3005); #调用存储过程,传入学生 id 值 3005
mysql> SELECT * FROM t_student;
```

id	student_name	gender	birthday	age	classID	begin_year
1001	张耀仁	男	2003-02-21	20	1	2023
1002	李启全	男	2002-06-21	21	1	2023
1003	许名瑶	女	2002-02-11	21	1	2023
1004	章涵	男	2003-11-07	20	1	2023
1005	司志清	男	2003-10-14	NULL	1	2023
2001	马云博	男	2002-10-14	21	2	2023
2002	刘帅兵	男	2001-10-14	NULL	2	2023
2003	许云	女	2001-10-14	22	2	2023
3001	张云龙	男	2004-09-14	19	3	2023
3002	刘帅兵	男	2005-05-14	18	3	2023
3003	李子墨	女	2003-02-14	20	3	2023

解析：在存储过程中设置了变量 s_id，调用存储过程的时候，通过传参将 6 赋值给 s_id，然后执行存储过程里的 SQL 操作。

2. 存储过程的命名规则

存储过程的命名规则通常遵循以下约定和最佳实践。

(1) 使用清晰的描述性名称：为了增加代码的可读性和可维护性，存储过程的名称应该能够清晰地描述其功能和用途。

(2) 使用一致的命名约定：在命名存储过程时，最好遵循一致的命名约定，以便于团队成员之间的沟通和理解。可以选择使用驼峰命名法或下划线命名法，但要保持一致。

(3) 包含前缀或后缀：为了进一步增强代码的可读性，可以考虑在存储过程的名称中包含特定的前缀或后缀，以指示其类型或用途。例如，可以在存储过程名称前添加 sp_、pro_ 等前缀来表示它是一个存储过程。

(4) 使用具体的动词描述操作：在存储过程的名称中使用具体的动词来描述其执行的操作。这样可以更清楚地表达存储过程的功能和目的。

(5) 避免使用特殊字符和保留字：存储过程的名称应避免使用特殊字符和数据库保留字，以避免引起语法错误或命名冲突。

下面是一个符合上述命名规则的存储过程名称的示例。

- sp_get_customer_details：获取客户信息的存储过程。
- sp_insert_order：插入订单的存储过程。
- sp_update_employee_salary：更新员工工资的存储过程。

总之，存储过程的命名应该清晰、一致，并能够准确地描述其功能和用途，以便于团队成员理解和使用。

3. 存储过程的参数

```
[IN | OUT | INOUT] parameter_name data_type
```

说明：

- IN 表示输入参数，表示调用者向过程传入的值(传入值可以是字面量或变量)，只能在存储过程内部使用。
- OUT 表示输出参数，表示过程向调用者传出的值(可以返回多个值)(传出值只能是变量)，可以在存储过程内部和调用存储过程的代码中使用。
- INOUT 表示输入输出参数，既表示调用者向过程传入的值，又表示过程向调用者传出的值(值只能是变量)。

(1) in 输入参数。

```
mysql>delimiter $$
mysql>create procedure in_param(in p_in int)
    ->begin
    -> select p_in;
    ->  set p_in=2;
    ->    select P_in;
    -> end $$
mysql>delimiter ;
mysql>set @p_in=1;
```

```
mysql>call in_param(@p_in);
+------+
| p_in |
+------+
| 1 |
+------+
+------+
| P_in |
+------+
| 2 |
+------+
mysql>select @p_in;
+-------+
| @p_in |
+-------+
| 1 |
+-------+
```

以上可以看出，p_in 在存储过程中被修改，但并不影响@p_in 的值，因为前者为局部变量、后者为全局变量。

(2) out 输出参数。

```
mysql> delimiter //
mysql> create procedure out_param(out p_out int)
    -> begin
    -> select p_out;
    -> set p_out=2;
    -> select p_out;
    -> end
    -> //
mysql>delimiter ;
mysql> set @p_out=1;
mysql> call out_param(@p_out);
+-------+
| p_out |
+-------+
| NULL |
+-------+
#因为out 表示向调用者输出参数，不接收输入的参数，所以存储过程里的p_out 为null
+-------+
| p_out |
+-------+
| 2 |
+-------+
mysql> select @p_out;
+--------+
| @p_out |
+--------+
| 2 |
+--------+
#调用了 out_param 存储过程，输出参数，改变了 p_out 变量的值
```

(3) inout 输入输出参数。

```
mysql> delimiter $$
mysql> create procedure inout_param(inout p_inout int)
    -> begin
    -> select p_inout;
    -> set p_inout=2;
    -> select p_inout;
    -> end
    -> $$
mysql> delimiter ;
mysql> set @p_inout=1;
mysql> call inout_param(@p_inout);
+---------+
| p_inout |
+---------+
| 1 |
+---------+
+---------+
| p_inout |
+---------+
| 2 |
+---------+
mysql> select @p_inout;
+----------+
| @p_inout |
+----------+
| 2 |
+----------+
#调用了 inout_param 存储过程,接受了输入的参数,也输出参数,改变了变量
```

注意 >>> ①即使过程没有参数,也必须在过程名后面写上小括号。
②确保参数的名字不等于列的名字,否则在过程体中,参数名会被当作列名来处理。

建议:
① 输入值使用 in 参数。
② 返回值使用 out 参数。
③ inout 参数尽量少用。

4. 变量

(1) 变量的定义。
局部变量声明一定要放在存储过程体的开始。

```
DECLARE variable_name[,variable_name…] datatype [DEFAULT value];
```

其中,datatype 为 MySQL 的数据类型,如:int、float、date、varchar(length)。
例如:

```
DECLARE v_numeric number(8,2)DEFAULT 9.95;
DECLARE v_date date DEFAULT '1999-12-31';
```

```
DECLARE v_datetime datetime DEFAULT '1999-12-31 23:59:59';
DECLARE v_varchar varchar(255) DEFAULT 'This will not be padded';
```

(2) 变量的赋值。

```
SET 变量名 =表达式值;
```

(3) 用户变量。

① MySQL 客户端使用用户变量。

```
mysql>SELECT 'Hello World' into @x;
mysql>SELECT @x;
+-------------+
| @x |
+-------------+
| Hello World |
+-------------+
mysql>SET @y='See you tomorrow';
mysql>SELECT @y;
+--------------------+
| @y |
+--------------------+
| See you tomorrow |
+--------------------+
mysql>SET @z=1+2+3;
mysql>SELECT @z;
+------+
| @z |
+------+
| 6 |
+------+
```

② 在存储过程中使用用户变量。

```
mysql>CREATE PROCEDURE GreetWorld() SELECT CONCAT(@greeting,' World');
mysql>SET @greeting='Hello';
mysql>CALL GreetWorld();
+---------------------------+
| CONCAT(@greeting,' World') |
+---------------------------+
| Hello World |
+---------------------------+
```

③ 在存储过程间传递全局范围的用户变量。

```
mysql>CREATE PROCEDURE p1() SET @last_procedure='p1';
mysql>CREATE PROCEDURE p2() SELECT CONCAT('Last procedure was ',@last_procedure);
mysql>CALL p1();
mysql>CALL p2();
+-----------------------------------------------+
| CONCAT('Last procedure was ',@last_proc |
+-----------------------------------------------+
| Last procedure was p1 |
+-----------------------------------------------+
```

5. 流程控制和条件处理

(1) 条件语句。

① if-then-else 语句。

在 MySQL 存储过程中，可以使用 IF-THEN-ELSE 语句进行条件判断和分支控制。它的基本语法如下：

```
IF condition THEN
    statement1;
ELSE
    statement2;
END IF;
```

其中，condition 是一个条件表达式，如果它的值为真(TRUE)，则执行 statement1，否则执行 statement2。

【例 9-2】创建一个存储过程，根据输入的参数的值，返回不同的结果。

```
mysql> delimiter $$
mysql> create procedure pro_ifcondition(in p_x int)
    -> begin
    -> declare res varchar(200) default '';
    -> if p_x >10 then
    -> set res = 'p_x is greater than 10';
    -> else
    -> set res = 'p_x is not greater than 10';
    -> end if;
    -> select res;
    -> end;
    -> $$
Query OK, 0 rows affected (0.01 sec)
mysql> delimiter ;
mysql> call pro_ifcondition(11);
+------------------------+
| res                    |
+------------------------+
| p_x is greater than 10 |
+------------------------+
1 row in set (0.00 sec)
Query OK, 0 rows affected (0.00 sec)
mysql> call pro_ifcondition(9);
+----------------------------+
| res                        |
+----------------------------+
| p_x is not greater than 10 |
+----------------------------+
1 row in set (0.00 sec)
Query OK, 0 rows affected (0.00 sec)
```

除了单个的 IF-THEN-ELSE 结构，还可以使用嵌套的 IF-THEN-ELSE 结构来实现更复杂的条件逻辑。例如：

```
IF condition1 THEN
    statement1;
ELSEIF condition2 THEN
    statement2;
ELSE
    statement3;
END IF;
```

在上述示例中，首先判断 condition1，如果为真，则执行 statement1；如果为假，则判断 condition2，如果为真，则执行 statement2；如果 condition1 和 condition2 都为假，则执行 statement3。

在存储过程中使用 IF-THEN-ELSE 结构可以根据条件的不同来执行不同的逻辑分支，从而实现更灵活的数据处理和流程控制。

② case 语句。

在存储过程中，可以使用 CASE 语句来实现条件判断和分支逻辑。CASE 语句可以根据不同的条件执行不同的代码块。下面是 CASE 语句的语法：

```
CASE
    WHEN condition1 THEN statement1;
    WHEN condition2 THEN statement2;
    ...
    ELSE statementN;
END CASE;
```

其中，condition1、condition2 等是条件表达式，可以是列名、表达式或者常量值。statement1、statement2 等是要执行的 SQL 语句或代码块。

【例 9-3】创建一个存储过程，根据输入的参数的值，返回不同的结果。

```
mysql> delimiter $$
mysql> CREATE PROCEDURE pro_casecondition (in grade char)
    -> BEGIN
    ->     CASE grade
    ->         WHEN 'A' THEN
    ->             SELECT '优秀';
    ->         WHEN 'B' THEN
    ->             SELECT '良好';
    ->         WHEN 'C' THEN
    ->             SELECT '及格';
    ->         ELSE
    ->             SELECT '不及格';
    ->     END CASE;
    -> END;
    -> $$
Query OK, 0 rows affected (0.01 sec)
mysql> delimiter ;
mysql> call pro_casecondition('A');
+------+
| 优秀 |
+------+
| 优秀 |
+------+
1 row in set (0.01 sec)
```

```
Query OK, 0 rows affected (0.01 sec)
```

在上述示例中，根据变量 grade 的值，使用 CASE 语句判断学生成绩的等级，并返回相应的描述。

(2) 循环语句。

① while-end while。

在 MySQL 存储过程中，可以使用 WHILE-END WHILE 语句来实现循环操作。下面是 WHILE-END WHILE 语句的基本语法示例。

```
WHILE condition DO
    -- 循环执行的代码块
    -- 可以包含多条 SQL 语句或其他逻辑操作
    -- 更新循环条件，以避免无限循环
    -- 可以使用递增/递减操作或其他条件判断
END WHILE;
```

在上述语法示例中，condition 是一个逻辑条件，用于控制循环的执行。只有当 condition 的值为真时，循环体中的代码块才会被执行。循环体中可以包含多条 SQL 语句或其他逻辑操作，可以根据需要进行相应的处理和计算。

【例 9-4】在存储过程中使用 WHILE-END WHILE 语句实现从 1 到 10 的循环输出：

```
DELIMITER //
CREATE PROCEDURE pro_whileCondition()
BEGIN
    DECLARE i INT DEFAULT 1;
    WHILE i <= 10 DO
        -- 输出当前循环变量的值
        SELECT i;
        -- 递增循环变量
        SET i = i + 1;
    END WHILE;
END //
DELIMITER ;

-- 调用存储过程
CALL pro_whileCondition ();
```

上述示例中，声明了变量 i 并将其初始化为 1，然后在 WHILE-END WHILE 循环中判断 i 的值是否小于等于 10，如果是则输出 i 的值，并将 i 递增 1。直到 i 的值超过 10 时，循环终止。

② repeat-end repeat。

在 MySQL 存储过程中，可以使用 REPEAT-END REPEAT 语句来实现循环操作。REPEAT-END REPEAT 语句与 WHILE-END WHILE 语句类似，都用于循环执行一段代码块，直到满足特定条件时结束循环。下面是 REPEAT-END REPEAT 语句的基本语法示例。

```
REPEAT
    -- 循环执行的代码块
    -- 可以包含多条 SQL 语句或其他逻辑操作
    -- 更新循环条件，以避免无限循环
    -- 可以使用递增/递减操作或其他条件判断
UNTIL condition
```

```
END REPEAT;
```

在上述语法示例中，condition 是一个逻辑条件，用于判断是否满足结束循环的条件。只有当 condition 的值为真时，循环体中的代码块才会停止执行，否则会一直循环执行。

【例 9-5】在存储过程中使用 REPEAT-END REPEAT 语句实现从 1 到 10 的循环输出。

```
DELIMITER //
CREATE PROCEDURE pro_repeatCondition ()
BEGIN
    DECLARE i INT DEFAULT 1;
    REPEAT
        -- 输出当前循环变量的值
        SELECT i;
        -- 递增循环变量
        SET i = i + 1;
    UNTIL i > 10
    END REPEAT;
END //
DELIMITER ;
-- 调用存储过程
CALL pro_repeatCondition();
```

上述示例中，声明了变量 i 并将其初始化为 1，然后在 REPEAT-END REPEAT 循环中判断 i 的值是否大于 10，如果是则结束循环，否则输出 i 的值，并将 i 递增 1。直到 i 的值大于 10 时，循环终止。

与 WHILE-END WHILE 循环不同，REPEAT-END REPEAT 循环至少会执行一次循环体中的代码块，即使条件不满足。这是因为条件判断发生在代码块执行之后。

③ loop-end loop。

在 MySQL 存储过程中，可以使用 LOOP-END LOOP 语句来实现循环操作。LOOP-END LOOP 语句与前面提到的 WHILE-END WHILE、REPEAT-END REPEAT 循环语句类似，都用于循环执行一段代码块，直到满足特定条件时结束循环。下面是 LOOP-END LOOP 语句的基本语法示例。

```
LOOP
    -- 循环执行的代码块
    -- 可以包含多条 SQL 语句或其他逻辑操作

    -- 更新循环条件，以避免无限循环
    -- 可以使用递增/递减操作或其他条件判断
END LOOP;
```

在上述语法示例中，循环体内的代码块会一直循环执行，直到满足特定的结束条件时才会跳出循环。

与 WHILE-END WHILE 和 REPEAT-END REPEAT 循环不同，LOOP-END LOOP 循环是一个无条件循环，循环体内的代码块总是会被执行至少一次。如果没有在循环体内显式地设置结束条件，那么该循环将会成为一个无限循环。

【例 9-6】在存储过程中使用 LOOP-END LOOP 语句实现从 1 到 10 的循环输出。

```
DELIMITER //
CREATE PROCEDURE pro_loopCondition()
```

```
BEGIN
    DECLARE i INT DEFAULT 1;
    LOOP
        -- 输出当前循环变量的值
        SELECT i;
        -- 递增循环变量
        SET i = i + 1;
        -- 设置结束条件, 当 i 大于 10 时跳出循环
        IF i > 10 THEN
            LEAVE;
        END IF;
    END LOOP;
END //
DELIMITER ;
-- 调用存储过程
CALL demo_loop();
```

在上述示例中,我们声明了变量 i 并将其初始化为 1,然后在 LOOP-END LOOP 循环中递增 i,并通过 IF 条件判断当 i 大于 10 时,使用 LEAVE 语句跳出循环,从而结束循环。

注意,在使用 LOOP-END LOOP 循环时,一定要注意设置循环的结束条件,以免造成无限循环而导致系统资源耗尽。

(3) ITERATE 迭代。

在 MySQL 存储过程中,ITERATE 是一个用于循环的关键字,它的作用是跳过当前循环的剩余部分,进入下一次循环迭代。它通常与 LOOP 循环结合使用。语法如下。

```
ITERATE [label_name];
```

其中,label_name 是可选的标签名称。如果在循环体中使用了标签(label),则可以在 ITERATE 语句中指定该标签,以便在多层循环中控制跳转。

【例 9-7】使用 LOOP 和 ITERATE 来计算 1 到 10 之间的整数和。

```
DELIMITER //
CREATE PROCEDURE pro_iterateCondition ()
BEGIN
  DECLARE n INT DEFAULT 2;
  DECLARE is_prime BOOLEAN;

    outer_loop: WHILE n <= 100 DO
    SET is_prime = TRUE;
    DECLARE i INT DEFAULT 2;
    inner_loop: WHILE i <= SQRT(n) DO
        IF n % i = 0 THEN
            SET is_prime = FALSE;
            ITERATE outer_loop; --跳出内层循环进入外层循环
        END IF;
        SET i = i + 1;
    END WHILE inner_loop;
    IF is_prime = TRUE THEN
        SELECT n AS prime_number;
    END IF;
    SET n = n + 1;
```

```
    END WHILE outer_loop;
END //
DELIMITER ;
```

在上述示例中，外部循环从 2 开始，逐渐增加到 100。内部循环用于判断当前数字是否为素数。在内部循环中，我们从 2 开始，逐个检查是否能整除当前数字。如果能整除，则说明当前数字不是素数，将 is_prime 设置为 FALSE，然后使用 ITERATE outer_loop 语句跳过剩余的内部循环迭代，直接进入下一次外部循环迭代。如果在内部循环结束后 is_prime 仍然为 TRUE，则表示当前数字是素数，我们使用 SELECT 语句将其打印出来。最后，我们将外部循环的计数器增加 1，并回到外部循环的开头，继续判断下一个数字是否为素数。

需要注意的是，在使用 ITERATE 时，一定要确保在循环体内有条件可以使循环终止，否则可能会陷入无限循环。在上述示例中，我们使用了 WHILE n <= 100 DO 条件来控制循环的终止。

9.2 触发器

在现代的数据库应用中，确保数据的完整性和一致性是至关重要的。为了实现这一目标，触发器成为了数据库开发人员不可或缺的工具之一。触发器可以帮助我们在特定的数据操作事件发生时，自动执行预定义的代码。它们可以用于实现复杂的业务规则、数据约束、日志记录等功能，从而提高数据库的可靠性和效率。

本小节将介绍触发器的基本概念和作用；介绍触发器的定义、优点和用途，以及它们在数据库中的分类；探讨触发器的工作原理；最后，将讨论触发器与其他数据库对象(如表、存储过程、事件调度器)之间的关系，以帮助您全面理解触发器在 MySQL 中的作用和应用场景。

9.2.1 触发器概述

1. 触发器概述

触发器(trigger)是数据库中的一种特殊对象，它与表相关联，可以在特定的数据操作(如插入、更新、删除)前后自动执行一段预定义的代码。触发器通常可以用来实现数据约束、数据完整性、日志记录、数据同步等功能，并在一些特定场景下提供更高效的解决方案。

同时触发器也是一种特殊的存储过程，存储过程需要通过 CALL 调用，触发器通常绑定在指定的表上，通过监听表的操作来触发执行。

触发器在数据库中有以下两个重要特性。

(1) 响应性：触发器能够实时响应数据操作事件，使得可以在数据发生变化的同时执行相应的操作。

(2) 自动性：触发器无须手动调用，在操作事件发生时自动触发。这保证了触发器的执行不依赖应用。

2. 触发器的优缺点

(1) 优点。

数据完整性：触发器可以用于实施复杂的业务规则和数据约束，确保数据的完整性和一致性。它们可以防止不符合规定条件的数据被插入、更新或删除。

自动化处理：触发器在特定的数据操作事件发生时自动触发执行代码，无须人工干预。这减少了手动处理数据的工作量和错误的发生。

灵活性和复用性：触发器可以用于多个表和业务场景，具有良好的灵活性和复用性。它们可以在不同的数据库操作事件和数据操作类型上定义，以满足特定的需求。

日志记录和审计：触发器可以用于记录数据操作事件和相关的信息，实现日志记录和审计功能。这些日志可以用于追踪数据变化、故障排查和法律合规等方面。

(2) 缺点。

性能影响：触发器的执行会增加数据库的工作负载和响应时间。当触发器逻辑复杂或处理大量数据时，可能会导致数据库的性能下降。

隐式调用：触发器的执行是隐式的，开发人员可能会忽略触发器的存在，导致难以理解和调试代码。

调试困难：由于触发器自动执行，调试和排查触发器中的错误可能比较困难，特别是在复杂的业务逻辑和大规模数据情况下。

数据库依赖性：过度使用触发器可能导致数据库与触发器之间相互依赖，使得数据库结构更加复杂和不易维护。

在使用触发器时，应权衡其优缺点，并根据实际需求和场景来决定是否使用触发器。触发器应谨慎设计和使用，以充分发挥其优势，并避免潜在的性能和维护问题。

9.2.2　触发器语法和类型

触发器的语法在不同的数据库管理系统中会有一些差异，本文中介绍的是 MySQL 数据库管理系统中触发器的语法。

创建触发器的语法如下。

```
CREATE TRIGGER trigger_name
{BEFORE | AFTER} {INSERT | UPDATE | DELETE}
ON table_name
FOR EACH ROW
BEGIN
    -- 触发器的执行代码
    -- 可以包含一组 SQL 语句
END;
```

CREATE TRIGGER 用于创建触发器。

- trigger_name：触发器的名称，根据需要自定义。
- BEFORE 或 AFTER：指定触发器在数据操作事件之前或之后触发。
- INSERT、 UPDATE、 DELETE：指定触发器对应的数据操作类型。
- ON：指定触发器与哪个表相关联。
- FOR EACH ROW：指定触发器对每一行数据进行操作。

触发器的执行代码需要包含在 BEGIN 和 END 之间，并且可以包含一组 SQL 语句，用于实现触发器的逻辑。

在三种不同类型的触发器中，可以引用特殊变量(NEW、OLD)以方便操作数据。特殊变量在三种数据操作类型下的意义如表 9-1 所示。

表 9-1 特殊变量在三种数据操作类型下的意义

	NEW	OLD
INSERT	用于引用插入之后的值	不可用于 INSERT 触发器
UPDATE	用于引用更新操作后的值	用于引用更新操作前的值
DELETE	不可用于 DELETE 触发器	用于引用删除操作前的值

这些特殊变量可以用于触发器中的条件判断和数据操作。

下面通过两个案例来展示触发器的编写。

【例 9-8】当更新学生的出生日期时，自动更新学生的出生年份和年龄。

```
mysql> CREATE TRIGGER update_age_year
    > BEFORE UPDATE ON t_student
    > FOR EACH ROW
    > BEGIN
    > IF NEW.birthday<>OLD.birthday THEN
    > SET NEW.begin_year=YEAR(NEW.birthday),
    > NEW.age=TIMESTAMPDIFF(YEAR, NEW.birthday, CURDATE())
    > END IF;
    > END;
    #创建完触发器之后，通过更新操作来验证一下触发器
mysql> SELECT * FROM t_student where id=1001;
+------+--------------+--------+------------+------+---------+------------+
| id   | student_name | gender | birthday   | age  | classID | begin_year |
+------+--------------+--------+------------+------+---------+------------+
| 1001 | 张耀仁       | 男     | 2003-02-21 | 20   | 1       | 2023       |
+------+--------------+--------+------------+------+---------+------------+
mysql> UPDATE t_student SET birthday='2002-06-18' where id=1001;
mysql> SELECT * FROM t_student where id=1001;
+------+--------------+--------+------------+------+---------+------------+
| id   | student_name | gender | birthday   | age  | classID | begin_year |
+------+--------------+--------+------------+------+---------+------------+
| 1001 | 张耀仁       | 男     | 2002-06-18 | 21   | 1       | 2023       |
+------+--------------+--------+------------+------+---------+-----------
```

更新"张耀仁"同学的出生日期后自动更新了该同学的年龄和出生年份，保证了数据的正确性。

【例 9-9】插入学生信息时，自动生成学生的各科成绩。

```
mysql>CREATE TRIGGER insert_scores_trigger
    > AFTER INSERT ON t_student
    > FOR EACH ROW
    > BEGIN
> INSERT INTO t_score (exam_score, studentID, courseID)
> SELECT 0, NEW.id, id
    > FROM t_course;
    > END;
#创建完触发器后，通过插入数据验证一下触发器。
mysql> INSERT INTO t_student (student_name, gender, age, birthday, classID,
begin_year)  VALUES ('尚晴天', '女', '20', '2003-07-19', '1', '2023');
```

```
mysql> SELECT * FROM t_score WHERE studentID=3008;
+----+------------+-----------+----------+
| id | exam_score | studentID | courseID |
+----+------------+-----------+----------+
| 25 |          0 |      3008 |        1 |
| 26 |          0 |      3008 |        2 |
| 27 |          0 |      3008 |        3 |
+----+------------+-----------+----------+
```

插入'尚晴天'同学的信息后，成绩表中自动添加了该同学的成绩，保证了数据的一致性和完整性。

在触发器的语法中，根据触发器的时机和时间不同，可以把触发器分为 6 类，即：BEFORE INSERT、BEFORE UPDATE、BEFORE DELETE、AFTER INSERT、AFTER UPDATE、AFTER DELETE。

需要注意在 MySQL 8.0 之前的版本，一张表不允许出现两个相同类型的触发器。

9.2.3　触发器的应用场景

当代数据库系统提供了各种强大的功能和特性，其中之一就是触发器。它们可以用于数据验证和约束、记录日志和审计、自动计算和衍生数据及级联操作等多个应用场景。在本小节中，我们将深入探讨触发器的几个常见应用场景。

1. 数据验证和约束

数据的完整性对于任何数据库系统都至关重要。触发器可以用于在插入、更新或删除数据之前进行数据验证和约束。

【例 9-10】在插入学生信息之前检查学生的年龄，学生的年龄不能小于 18 岁。

```
mysql> CREATE TRIGGER validate_age_trigger
    > BEFORE INSERT ON t_student
    > FOR EACH ROW
    > BEGIN
> IF NEW.age < 18 THEN
>SIGNAL SQLSTATE '45000' SET MESSAGE_TEXT = '年龄必须大于等于18 岁';
> END IF;
    > END;
```

这个触发器将在插入学生记录之前进行年龄验证，并在年龄小于 18 岁时抛出一个错误。

2. 记录日志和审计

数据库操作的审计和日志记录对于系统安全和追踪变更非常重要。触发器可以用于记录和审计数据库操作。

【例 9-11】创建一个日志表，每次添加或修改学生成绩时都把相应操作记录下来。

```
mysql> CREATE TABLE t_logs(
  id int auto_increment,
  event_type VARCHAR(10) not null,
  event_time DATETIME DEFAULT NOW(),
  user_name VARCHAR(20),
```

```
    table_name VARCHAR(20),
    record_id int,
    PRIMARY KEY(id)
      );
mysql> CREATE TRIGGER log_score_changes_trigger
    > AFTER UPDATE ON t_score
    > FOR EACH ROW
    > BEGIN
> INSERT INTO t_logs (event_type, event_time, user_name, table_name, record_id)
> VALUES ('UPDATE', NOW(), CURRENT_USER(), 't_score', NEW.id);
    > END;
```

3. 自动计算和衍生数据

有时候，需要根据已有的数据自动计算和衍生其他数据。触发器可以用于自动生成或更新这些数据，以保持数据的一致性，比如在【例 9-8】中，通过学生出生日期来自动计算学生的年龄和出生年份。

4. 级联操作

在数据库中，有时候需要进行级联操作，即在对一个表进行增删改操作时，相关的其他表也需要自动进行相应的操作。

【例 9-12】删除学生信息，自动删除学生的成绩信息。

```
mysql> CREATE TRIGGER cascade_delete_order_details_trigger
    > AFTER DELETE ON t_student
    > FOR EACH ROW
    > BEGIN
> DELETE FROM t_score WHERE studentID = OLD.id;
    > END;
```

触发器是数据库系统中非常强大和灵活的功能，可以应用于多个场景，如数据验证、日志记录、自动计算和级联操作等。它可以帮助确保数据的完整性、安全性和一致性，并提供更高级的数据库操作功能。然而，在使用触发器时应谨慎考虑其使用场景和性能。

9.2.4 触发器的注意事项和性能影响

当在数据库开发中遇到需要在数据操作后自动执行逻辑的场景时，触发器是一个强大的工具。但是，在使用触发器时，我们需要注意一些事项，并评估其对性能的影响。本小节将介绍与触发器相关的注意事项和性能影响。

1. 注意事项

(1) 触发器的执行时间。

触发器是在数据库操作之后立即执行的，因此会增加操作的执行时间。特别是当触发器中包含复杂的逻辑或操作大量数据时，执行时间可能会变长。因此，在使用触发器之前，需要评估其执行时间是否符合业务需求。

(2) 数据库死锁。

当不同的事务或操作同时访问相同的数据时，可能会引发数据库死锁的问题。触发器的存在可能导致系统资源的竞争和延迟。因此，需要在设计触发器时注意并处理潜在的数据库死锁问题。

(3) 冗余数据和复杂性。

使用触发器可能会引入冗余数据或增加数据模型的复杂性。在设计触发器时，应仔细考虑数据模型的一致性和规范性，避免出现不必要的数据冗余和增加数据管理的复杂性。

(4) 触发器间的依赖关系。

当存在多个触发器时，需要考虑触发器之间的依赖关系和执行顺序。确保触发器的执行顺序符合预期，不产生逻辑错误、循环依赖或无限递归的问题。

(5) 数据完整性和一致性。

触发器通常用于实现数据完整性和一致性的约束。但需要小心处理触发器中的逻辑，确保其符合预期、不会导致数据的不一致。在设计和编写触发器时，需充分理解数据模型和业务逻辑，以避免潜在的一致性问题。

2. 性能影响

(1) 查询性能。

触发器的存在可能会对查询性能产生影响，特别是当触发器影响到频繁执行的查询时。在设计和使用触发器时，需要仔细评估其对查询性能的影响，并进行 SQL 优化和索引，以确保查询的响应时间能够满足业务需求。

(2) 触发器的复杂性和执行时间。

如果触发器存在复杂逻辑和操作大量数据的情况，会增加触发器的执行时间。需要评估触发器的执行时间是否满足业务需求，并通过优化逻辑和数据访问方式来减少执行时间。

(3) 调试和维护困难。

触发器中的逻辑并不像存储过程或应用程序代码那样直观。在调试和维护触发器时，可能会更加困难一些。因此，良好的命名和注释在触发器的设计和编写过程中显得尤为重要，有助于后续的调试和维护工作。

综上所述，使用触发器时需要谨慎考虑注意事项，并评估其对性能的影响。通过合理的设计和优化，可以最大限度地减少不利影响，并确保数据库的正常运行。触发器是一个强大的工具，当在正确的场景中使用时，可以提供稳定和一致的数据操作机制。

本章总结

- 存储过程是一段预先定义好的、可被重复调用的 SQL 代码块。存储过程可以接收参数并执行一系列的 SQL 语句、逻辑判断和控制流程。
- 存储过程可以封装复杂的业务逻辑，提高代码的复用性和可维护性；减少客户端与数据库之间的通信，从而提高系统性能。
- 存储过程适用于需要频繁调用和处理复杂逻辑的场景，如数据的更新、查询和计算等，特别是在多个应用程序共享同一段逻辑的情况下。
- 可以在存储过程中执行事务，以确保数据的一致性和完整性。同时，存储过程可以通过参数化查询来防止 SQL 注入等安全问题。
- 存储过程可以被调度器或其他外部程序调用，实现定时任务和自动化的数据处理。

- 触发器是与数据库中的表相关联的特殊类型的存储过程。它们在指定的数据库操作(如插入、更新、删除)发生时自动触发执行。
- 触发器通常用于实现数据的约束和触发复杂的业务流程。它们可以用于数据验证、记录审计、自动生成和计算字段等。
- 在使用触发器时需要注意性能影响和数据一致性问题。过多或复杂的触发器可能会影响数据库的性能。同时，使用触发器时需要注意避免出现死锁或循环依赖等问题。

上机练习

上机练习一 存储过程

1. 训练技能点

编写存储过程。

2. 任务描述

编写一个存储过程，计算每个学生的平均成绩并将结果返回。期望输出每个学生的姓名和平均成绩。

3. 做一做

根据任务描述，使用存储过程进行巩固练习，检查学习效果。

上机练习二 存储过程

1. 训练技能点

编写存储过程。

2. 任务描述

计算每门课程的平均成绩并将结果返回。期望返回每门课程的名称和平均成绩。

3. 做一做

根据任务描述，编写存储过程，检查学习效果。

上机练习三 触发器

1. 训练技能点

编写触发器。

2. 任务描述

创建一个触发器，新增成绩时，检查成绩必须小于等于 100 且大于等于 0。

3. 做一做

根据任务描述,编写触发器进行巩固练习,检查学习效果。

上机练习四 触发器

1. 训练技能点

编写触发器。

2. 任务描述

创建一个触发器,删除学生信息时,把删除的日志记录到 t_logs 表中。

3. 做一做

根据任务描述,编写触发器进行巩固练习,检查学习效果。

巩固练习

一、选择题

1. 存储过程中用于在数据库中执行一系列的 SQL 语句和逻辑操作的是( )。
   A. 函数　　　　　　　　　B. 触发器
   C. 索引　　　　　　　　　D. 语句块
2. 下列适合使用存储过程的是( )。
   A. 需要频繁处理复杂的业务逻辑
   B. 需要自动地更新数据表之间的关系
   C. 需要创建新的表格和索引
   D. 需要临时存储查询结果
3. 触发器是一种( )。
   A. 存储过程　　　　　　　B. 查询语句
   C. 数据库对象　　　　　　D. 数据类型
4. 触发器的工作原理是( )。
   A. 用户的手动触发　　　　B. 自动触发的数据库操作
   C. 系统错误的触发　　　　D. 程序员的编程触发
5. 下列情况适合使用触发器的是( )。
   A. 需要实时监测数据的变化并做出相应处理
   B. 需要查找和过滤特定数据
   C. 需要创建临时表来存储查询结果
   D. 需要在数据插入时自动更改数据库结构

二、填空题

1. 创建一个存储过程,名为 getTotalStudents,用于查询 school_db 数据库中的学生总数。

```
mysql> CREATE PROCEDURE getTotalStudents()
```

```
BEGIN
   SELECT COUNT(*) AS total_students FROM _____;
END;
```

2. 存储过程可以接收_____参数，这些参数可以用于在存储过程中进行计算和逻辑判断。

3. 触发器可以在以下操作中触发：INSERT、_____、DELETE。

4. 在存储过程中，如果需要定义一个输入参数，需要使用_____关键字。

5. 当触发器被激活时，可以使用_____来引用插入、删除或更新操作中的新值或旧值。

未来数据库趋势和发展　第**10**章

在数字化时代，数据被认为是最宝贵的资源之一。随着数据量的不断增长和技术的不断发展，数据库领域也在不断演进和创新。本章将介绍数据库领域的未来趋势和发展方向，涵盖了云数据库和数据库即服务(DBaaS)的兴起、数据湖和数据仓库的使用、区块链在数据库中的应用以及人工智能对数据库的影响。此外，本章还会探讨一些新兴的数据库技术和趋势，如图数据库、时序数据库、内存数据库和异构数据库等。通过了解这些趋势，读者可以更好地把握数据库领域的发展方向，为未来的数据库应用和研究做好准备。

学习目标
- 了解云数据库和数据库即服务
- 了解数据湖和数据仓库
- 了解区块链和数据库应用
- 了解人工智能和数据库
- 了解其他新兴数据库技术和趋势

10.1 云数据库和数据库即服务(DBaaS)

随着云计算和虚拟化技术的快速发展，数据库的运营和管理方式也发生了巨大变革。通过深入研究云数据库和数据库即服务的相关主题，读者将能够全面了解云计算和虚拟化技术对数据库领域的影响，掌握云原生数据库架构和设计的关键要点，以及应用云数据库的最佳实践。这将有助于读者在面对日益复杂的数据库环境时，做出明智的决策，构建可靠高效的数据库系统。

10.1.1 云计算和虚拟化技术对数据库的影响

2006 年 Google 的 CEO 埃里克·施密特首次提出了云计算(cloud computing)的概念。云计算是集中式计算，埃森哲(Accenture)公司给出了云计算定义："第三方提供商通过网络动态提供及配置IT 功能(硬件、软件或服务)。"云计算更像是一种业务模式，是一种服务，它不是一种具体的技术。如图 10-1 所示，IaaS、PaaS 和 SaaS 都是云计算的表现形式，是三种不同的业务模式。而虚拟化技术是一种具体的技术，将物理资源进行抽象化，使得多个虚拟计算机或操作系统能够共享一个物理计算机或操作系统。如图 10-2 所示，虚拟化技术通过将计算机的物理资源进行虚拟化，将硬件资源虚拟化为虚拟机，从而能够实现多个虚拟机的资源共享。虚拟机可以像真实物理计算机一样使用并运行应用程序，同时保证各个虚拟机之间的隔离和安全性。所以虚拟化技术是实现云计算的基础支撑技术之一。

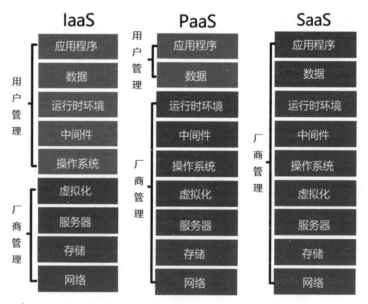

图 10-1　云计算三种业务模式：IaaS、Pass、SaaS

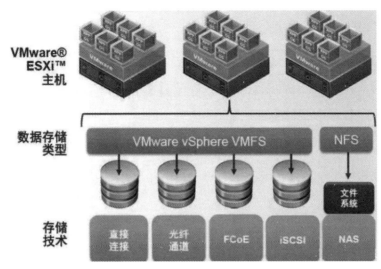

图 10-2　虚拟化技术

　　传统上，企业需要购买和维护大量的硬件设备来支持数据库的运行，这不仅昂贵，而且不够灵活。而云计算提供了弹性和可扩展的计算资源，使得企业可以根据实际需求动态地分配和管理数据库，从而降低成本并提高效率。

　　虚拟化技术对数据库的影响同样重要。虚拟化技术将物理硬件资源抽象为虚拟资源，使得多个虚拟机可以共享同一台物理服务器。这种资源的共享和隔离使得数据库的部署和管理更加灵活和高效。通过虚拟化技术，企业可以在同一台物理服务器上同时运行多个数据库实例，从而提高硬件资源的利用率。此外，虚拟化技术还提供了灵活的备份和恢复功能，使得数据库的维护和故障恢复更加方便和可靠。

　　云计算和虚拟化技术的结合，为数据库的运行和管理带来了许多好处。首先，它们提供了高可用性和弹性扩展的能力。通过将数据库部署在云端和利用虚拟化技术，组织可以轻松地实现数据库的冗余和负载均衡，从而提高系统的可用性和性能。其次，云计算和虚拟化技术使得数据库的部署和管理更加简化和自动化。组织可以通过云服务提供商提供的数据库即服务(DBaaS)来轻松地创建、配置和管理数据库实例，而无须关注底层的基础设施。此外，云计算和虚拟化技术还提供了灵活的备份和恢复功能，使得数据库的维护和故障恢复更加方便和可靠。

　　同样，云计算和虚拟化技术也带来了一些挑战和考虑因素。首先，数据安全性是一个重要的问题。由于数据库存储在云端和共享物理服务器上，组织需要确保数据的隔离和保护，防止数据泄露和未经授权的访问。其次，性能和延迟也是需要考虑的因素。尽管云计算和虚拟化技术提供了弹性和可扩展的计算资源，但在某些情况下，由于资源的共享和隔离，数据库的性能和响应时间可能会受到影响。

　　总的来说，云计算和虚拟化技术给数据库领域带来了巨大的影响和变革。它们提供了高可用性、弹性扩展和简化管理的能力，使得企业可以更好地利用数据库资源，降低成本并提高效率。然而，人们也需要认识到其中的挑战和考虑因素，并采取相应的措施来确保数据的安全性和性能。随着云计算和虚拟化技术的不断发展和创新，数据库领域的未来将充满更多的机遇和可能性。

10.1.2 数据库即服务(DBaaS)的概念和优势

1. 数据库即服务的概念

随着云计算的快速发展，企业纷纷寻求从顶层框架入手，探索整体数据架构中更多的可能性。它们已不再满足于云计算仅提供基础设施(IaaS)的交付能力，而是期望能够以云服务模式交付数据中心中更多的传统 IT 服务，其中最迫切的需求之一就是数据库。

数据库即服务(DBaaS)，也被称为云数据库，是将数据库以云服务模式交付给用户的解决方案。作为 PaaS 层的一个重要分支，DBaaS(泛指数据库类服务)的出现满足了企业对高度灵活、高效管理和可扩展的数据库解决方案的迫切需求。

2. DBaaS 的优势

传统数据库管理面临着许多挑战，正是这些挑战推动了数据库即服务(DBaaS)的发展。DBaaS在以下几个方面提供了切实的解决方案。

(1) 资源利用率低：传统的 IT 烟囱式部署架构导致了资源的低效利用。不仅应用服务器资源的利用率低，大量的数据库服务器同样面临严重的资源闲置问题。这种情况导致了硬件和软件投资的浪费。DBaaS 通过弹性的资源分配和优化，提高了资源利用率，最大程度地减少了资源浪费。

(2) 成本高：传统数据库管理涉及昂贵的硬件、软件许可证和维护费用。DBaaS 采用按需付费的模式，使用户只需支付实际使用的费用，避免了高额的前期投资和持续的维护成本。

(3) 复杂的部署和管理：传统数据库的部署和管理过程繁琐复杂，需要专业的数据库管理员来配置和维护。DBaaS 通过提供自助服务和便捷管理功能，简化了数据库的部署和管理流程，使非专业人士也能轻松应对数据库管理任务。

(4) 扩展性和弹性：传统数据库的扩展性有限，难以应对快速增长的数据需求。而 DBaaS 提供了可扩展的架构和弹性的资源分配，使用户能够根据需求快速扩展或缩减数据库容量和性能。

(5) 数据安全和备份：传统数据库管理需要用户自行负责数据的安全和备份工作。这对于中小型企业来说是一项巨大的挑战。DBaaS 提供了强大的安全措施和自动化备份功能，确保数据的安全性和可靠性。

(6) 高可用性和容错性：传统数据库的高可用性和容错性需要额外的复杂配置和维护工作。而DBaaS 提供商通常具备高可用性和容错性的架构，确保数据库服务的持续可用性，减少业务中断的风险。

正是以上的挑战推动了 DBaaS 的兴起，使得困扰用户的问题迎刃而解。

10.1.3 公有云和私有云数据库解决方案

公有云和私有云是两种常见的云计算部署模式。它们都可以提供数据库解决方案，但在一些方面有所不同。

公有云数据库解决方案是由云服务提供商托管和管理的数据库服务。用户可以通过互联网访问和使用这些数据库。公有云数据库解决方案通常具有高可用性、可扩展性和灵活性等优点。用户只需按需付费，无须关注基础设施的管理和维护，能够快速部署和使用数据库。同时，公有云提供商通常具有全球分布的数据中心，可以提供更好的性能和可靠性。

私有云数据库解决方案是在用户自己的数据中心或私有云环境中部署和管理数据库。私有云数据库解决方案通常提供更高的安全性和更好的隐私保护，因为数据存储在用户自己的环境中。用户可以根据自己的需求和要求来配置和管理数据库，具有更大的灵活性和控制权。然而，私有云数据库解决方案需要用户自行投入资源来建设和维护基础设施，成本较高。

除了公有云和私有云之外，还有混合云数据库解决方案，即将公有云和私有云结合起来使用。混合云可以根据实际需求灵活地将工作负载部署到公有云或私有云中，以实现成本效益和灵活性的平衡。云数据库部署方案如图 10-3 所示。

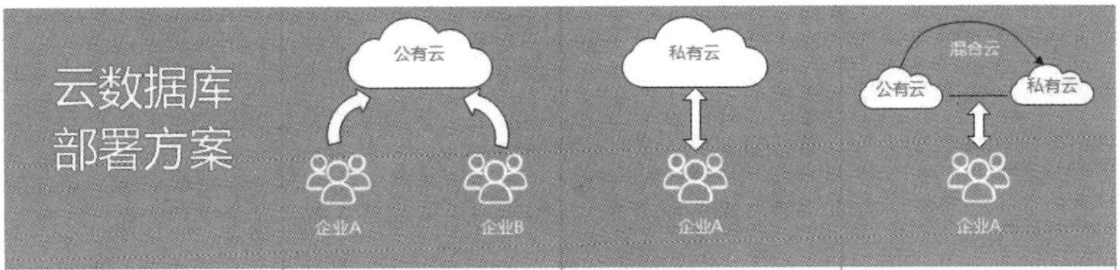

	公有云	私有云	混合云
	企业A　企业B	企业A	企业A
部署方式	在线服务，开箱即用	私有化安装部署数据私密性好	混合部署
扩展方式	扩展性和可靠性高	自主可控性好	兼具平台扩展能力和自主可控性
成本投入	无需额外的硬件投入	需要额外的硬件资源投入	软硬件资源投入适中
运维成本	无部署运维成本	有软硬件部署运维成本	有部分软硬件部署运维成本

图 10-3　云数据库部署方案

选择公有云还是私有云数据库解决方案，取决于公司的需求、安全性要求、预算和其他因素。一些公司可能选择将核心业务数据保留在私有云中，而将非核心数据或临时工作负载放在公有云中。而另一些公司可能更倾向于完全采用公有云数据库解决方案，以降低成本并获得更大的灵活性。

10.1.4　云原生数据库架构和设计模式

1. 云原生概念与介绍

云原生(cloud native)是由 Matt Stine 在 2013 年提出的概念，其目标是为了解放开发和运维的工作，让应用能够更好地适合云架构。云原生数据库架构和设计模式是基于云计算和容器化技术的一种数据库架构和设计方法。它旨在充分利用云环境的弹性、可扩展性和可靠性，并适应现代应用程序的需求。

云原生技术在技术层面上依赖传统云计算的三层概念：基础设施即服务(IaaS)、平台即服务(PaaS)和软件即服务(SaaS)。它将这些概念应用到云原生架构和设计中。

在云原生技术中，可以看到以下与传统云计算概念的对应关系，如图 10-4 所示。

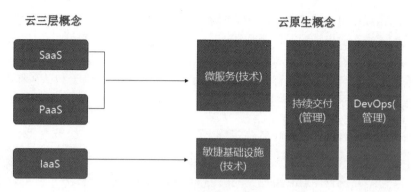

图 10-4　云原生技术架构

(1) 基础设施即服务(IaaS)：云原生的不可变基础设施交付类似于 IaaS 的概念。它提供可编程和不可变的基础资源，如计算、网络和存储等，通过 API 直接对外提供服务。这种基础设施能够快速交付和调整，为云原生应用提供所需的底层资源支持。

(2) 平台即服务(PaaS)：云原生应用的一部分可以通过现有的 PaaS 服务进行组合，而不需要从头开始构建。这意味着一些应用可以直接利用 PaaS 平台提供的功能和服务，以快速搭建业务能力。这种方式减少了开发人员的工作量，并加速了应用程序的交付速度。

(3) 软件即服务(SaaS)：有些软件可以直接以 SaaS 的形式提供服务，而无须用户关注底层的基础设施和平台。这些原生的云应用直接运行在云环境中，为云用户提供所需的服务。用户可以直接面对这些应用，并享受其提供的功能和便利性。

通过这种云原生的技术部署，能够充分利用云计算的优势，并为云用户提供更灵活、可扩展和原生的应用体验。云原生技术依赖传统云计算的概念，但在架构和设计上提供了更高级别的抽象和自动化，使开发和部署云原生应用变得更加便捷和高效。

2. 云原生数据库架构与设计

云原生数据库起源于 Amazon，随之受到国内厂商的广泛关注。以华为云、阿里云、腾讯云等为代表的头部厂商投入大量资源进行研发。仅三年左右的时间，市场已经形成较为成熟的云原生数据库应用模式并应用在不同的场景中。

云原生数据库在架构上实现：资源池化，并且与云基础设施深度结合；以应用为中心，统一数据入口及数据管理，应用透明无感知，多模兼容全开放。云原生数据库整体架构如图 10-5 所示。

(1) 资源池化：云原生数据库利用资源池化的概念，将计算和存储资源进行集中管理和分配。通过动态分配和伸缩，它可以根据实际需求自动调整资源的规模和能力。这种资源池化的机制使得数据库能够更高效地利用资源，提供弹性扩展和高可用性。

(2) 与云基础设施深度结合：云原生数据库紧密结合云计算平台，充分利用云服务提供的特性和能力。它利用云的弹性计算、自动化管理和容器化技术，实现高度灵活性和可扩展性。通过与云平台的深度集成，云原生数据库可以更好地适应云环境的动态性和变化。

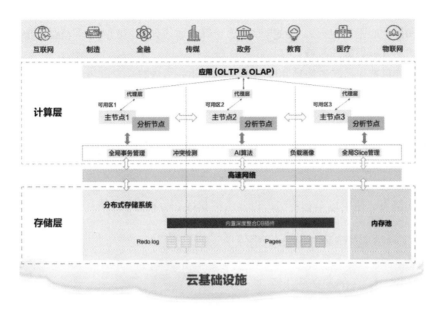

图 10-5　云原生数据库整体架构

(3) 统一入口应用透明：云原生数据库提供统一的入口，使应用程序能够无缝访问和操作数据库。它隐藏了底层数据库的复杂性，为应用程序提供了简化的接口和操作方式。这种透明性使开发人员能够更专注于业务逻辑的开发，而无须过多关注底层数据库的细节。

(4) 多模兼容全开放：如图 10-6 所示，云原生数据库支持多种数据库模型，包括关系型、非关系型和混合型数据库。它提供开放的 API 和标准化的接口，使开发人员能够灵活选择和使用不同类型的数据库。同时，云原生数据库也支持与其他云原生应用和服务的集成，实现数据的全面开放和共享。

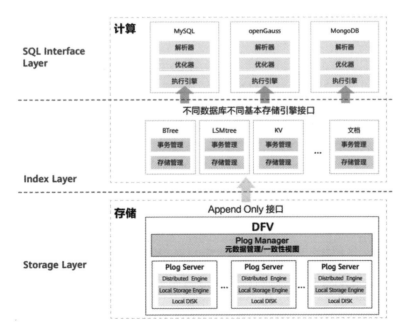

图 10-6　云原生数据库开放架构

这些特点和设计原则使得云原生数据库能够更好地适应云环境的需求和挑战, 提供具有高可用性和可伸缩性的高性能数据库解决方案。通过资源池化、与云深度结合、统一入口应用透明和多模兼容全开放等设计模式, 云原生数据库能够满足不同业务场景的需求, 并为企业提供灵活、可靠的数据管理和存储能力。

10.2 数据湖和数据仓库

在数据管理领域, 数据湖和数据仓库是两种常见的数据存储和分析解决方案。它们各自具有独特的定义、架构特点、使用场景和优势, 以及数据集成和分析方法。

10.2.1 数据湖和数据仓库的定义和区别

1. 数据湖和数据仓库的定义及介绍

(1) 定义。

数据湖是一个集中式存储库, 它为用户提供了以任意规模存储所有结构化和非结构化数据的能力。用户可以直接存储数据, 无须预先进行结构化处理, 从而保留了数据的原始形态。还可以借助数据湖运行各种类型的分析, 包括控制面板和可视化、大数据处理、实时分析和机器学习等, 以便更好地指导决策过程。数据湖的灵活性和多功能性使您能够从数据中获得更深入的洞察, 以做出更明智的决策。

数据仓库英文名称为 data warehouse, 可简写为 DW 或 DWH, 是一个优化的数据库, 用于分析来自事务系统和业务线应用程序的关系数据。事先定义数据结构和 Schema 以优化 SQL 查询速度, 其中结果通常用于操作报告和分析。数据经过了清理、丰富和转换, 因此可以充当用户可信任的"单一信息源"。

(2) 为什么需要数据湖。

那些能够通过数据成功创造商业价值的组织将在竞争中取得优势。根据 Aberdeen 的调查结果显示, 实施数据湖的组织相较于同类公司, 在销售收入及利润增长方面高出 9%。这些领先者能够进行新型的分析, 如利用通过数据湖存储的日志文件、点击流、社交媒体以及物联网设备等新数据源进行机器学习, 帮助他们更快地识别和把握业务增长机会、吸引和保留客户、提高生产力、主动维护设备以及做出明智的决策来推动业务发展。通过充分利用数据湖, 这些组织能够获得深入的洞察, 并在市场中取得竞争优势。

2. 数据湖与数据仓库的区别

数据湖和数据仓库是两种不同的数据存储和分析解决方案。数据湖和数据仓库的区别如表 10-1 所示。

表 10-1 数据湖和数据仓库的区别

特性	数据仓库	数据湖
数据	来自事务系统、运营数据库和业务线应用程序的关系数据	来自 IoT 设备、网站、移动应用程序、社交媒体和企业应用程序的非关系和关系数据
Schema	设数据写入前须定义好模式	数据写入后, 访问或使用数据时建立模式

(续表)

特性	数据仓库	数据湖
性价比	更快查询结果会带来较高存储成本	更快查询结果只需较低存储成本
数据质量	可作为重要事实依据的可监管数据	任何可以或无法进行监管的数据(例如原始数据)
用户	业务分析师	数据科学家、数据开发人员和业务分析师(使用监管数据)
分析	批处理报告、BI 和可视化	机器学习、预测分析、数据发现和分析

10.2.2　数据湖架构和数据仓库架构的特点

1. 数据仓库设计的三个维度

(1) 功能架构(结构层次明晰)如图 10-7 所示。

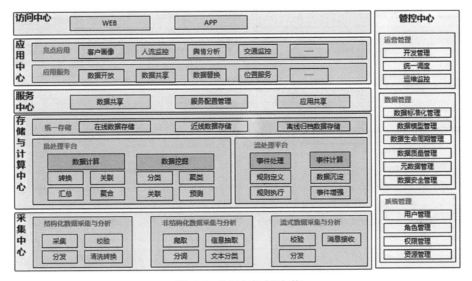

图 10-7　数据仓库功能架构

(2) 数据架构(数据质量有保障)如图 10-8 所示。

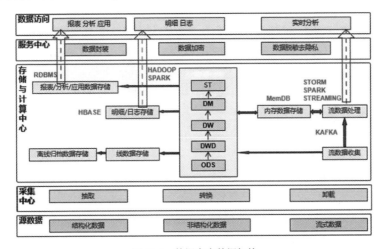

图 10-8　数据仓库数据架构

(3) 技术架构(易扩展、易用)如图 10-9 所示。

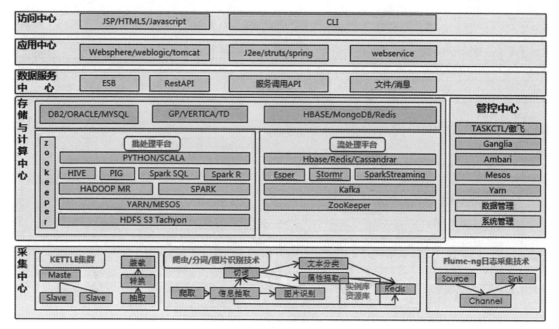

图 10-9 技术架构

2. 云原生数据湖架构

随着云计算的迅猛发展，自 2015 年起，各大云服务提供商开始重新诠释和推广数据湖概念，以云上对象存储为核心。云上对象存储以其大规模、高可用和低成本的特点，取代了 HDFS 成为云上统一存储的首选方案。它能够支持结构化、半结构化和非结构化的多种数据类型，并采用存算分离的架构和更加开放的数据访问方式，以支持多种计算引擎进行数据分析。目前，AWS S3 和阿里云的 OSS 是其中最具代表性的云上对象存储服务。

在 2019 年，Databricks 公司和 Uber 公司相继推出了 Delta Lake、Hudi 和 Iceberg 等数据湖格式，通过在数据湖的原始数据之上构建元数据层和索引层的方式，解决了数据湖上的可靠性、一致性和性能等方面的问题。这些创新的数据湖格式为数据湖的发展带来了重要的突破。同时，流式计算技术如 Flink 和 AI 技术也开始在数据湖上得到广泛应用，进一步丰富了数据湖的功能和应用场景。

同年，AWS 和阿里云也相继推出了 Data Lake Formation 等数据湖构建和管理的产品，能够帮助用户更快速地构建和管理云上数据湖。数据湖架构的不断演进和成熟也得到了更多客户的关注和选择。

以阿里为例，数据湖架构的演进如图 10-10 所示。

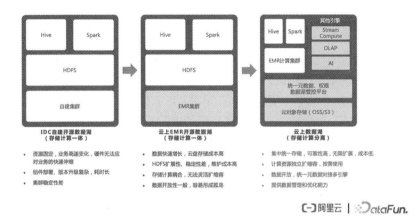

图 10-10　数据湖架构演进

3. 数据湖架构和数据仓库架构的特点

数据湖架构和数据仓库架构是两种不同的数据管理和分析架构,它们在以下几个方面具有不同的特点。

(1) 数据结构:数据湖架构采用"存储即原始数据"的理念,将各种结构化和非结构化的原始数据以原样存储在数据湖中,不要求事先定义数据模式或结构。而数据仓库架构则需要在存储数据之前进行数据建模和预定义的架构设计,以适应特定的查询和分析需求。

(2) 数据处理:数据湖架构支持灵活的数据处理和分析方式,包括批处理、流式处理和交互式查询。数据湖中的数据可以通过各种工具和技术进行数据探索、数据挖掘和机器学习等操作。数据仓库架构则主要用于批处理和预定义的报表查询,对数据的处理方式相对较为固定和有限。

(3) 数据集成:数据湖架构强调数据的原始性和全面性,可以容纳各种数据源和数据类型。数据湖可以作为一个中心化的数据存储,集成多个数据源,包括结构化数据库、日志文件、传感器数据等。而数据仓库架构通常需要进行数据抽取、转换和加载(ETL)过程,将数据从不同的源系统中提取、清洗和转换,然后加载到数据仓库中。

(4) 数据访问:数据湖架构提供更加灵活的数据访问方式,用户可以根据需要自由地探索和分析数据,不受预定义的查询模式和结构的限制。数据湖中的数据可以通过各种工具和编程语言进行直接访问和处理。数据仓库架构则提供了预定义的报表和查询接口,用户可以通过事先定义的维度和指标进行查询和分析。

(5) 数据质量和安全性:数据仓库架构通常对数据进行严格的数据清洗、验证和质量控制,确保数据的准确性和一致性。数据仓库也通常具有较高的安全性要求,包括访问控制、数据加密和审计功能。数据湖架构则更加注重原始数据的保留和完整性,对数据质量和安全性的要求相对较低,需要在数据湖中进行数据治理和数据质量管理。

综上所述,数据湖架构和数据仓库架构在数据结构、数据处理、数据集成、数据访问以及数据质量和安全性等方面存在明显的差异,适用于不同的数据管理和分析需求。选择适合的架构取决于组织的具体业务需求和数据特点。

10.2.3 数据湖和数据仓库的使用场景和优势

数据湖和数据仓库在使用场景和优势上有一些区别。

1. 数据湖的使用场景和优势

(1) 探索性分析和数据挖掘：数据湖提供了存储各种结构化和非结构化数据的能力，使得分析人员可以在一个集中的存储库中探索数据、发现新的数据模式和关联以及执行数据挖掘任务。

(2) 多源数据集成：数据湖可以接收来自多个数据源的数据，包括业务线应用程序、移动应用程序、IoT 设备和社交媒体等。这使得数据湖能够整合多源数据，从而能够支持综合性的分析和综合视图的构建。

(3) 弹性和扩展性：数据湖的架构设计允许按需扩展存储和计算资源，以适应不断增长的数据量和变化的需求。这种弹性和扩展性使得数据湖能够满足不同规模和复杂度的分析任务。

(4) 支持大数据和机器学习：数据湖可以存储大规模的数据，包括来自日志文件、单击流、互联网连接设备等非结构化数据。这为大数据分析和机器学习提供了丰富的数据资源和更深入的洞察。

2. 数据仓库的使用场景和优势

(1) 决策支持和报表：数据仓库主要用于支持决策制定和业务报表。它提供了结构化查询语言(SQL)作为主要的数据访问方式，支持预定义的查询和报表，以满足业务用户对数据的分析和报告需求。

(2) 数据一致性和准确性：数据仓库通过 ETL(抽取、转换、加载)过程对数据进行集成、清洗和转换，以确保数据的一致性和准确性。这种预处理过程有助于提高数据质量，使得数据仓库成为可靠的数据源。

(3) 高性能查询和分析：数据仓库通过优化的查询引擎和索引机制实现了高性能的数据检索和分析，支持快速的数据查询和多维度的分析，以满足对实时性和即席查询的要求。

(4) 安全和合规性：数据仓库通常具有严格的访问控制和安全性措施，以保护敏感数据和确保合规性。这使得数据仓库成为处理敏感数据和遵守法规的安全数据存储解决方案。

综上所述，数据湖适用于探索性分析、多源数据集成和大数据处理等场景，而数据仓库适用于决策支持、报表生成和高性能查询分析等场景。

10.2.4 数据湖和数据仓库的数据集成和分析方法

数据湖和数据仓库作为常见的数据存储和分析解决方案，为企业提供了强大的数据集成和分析能力。数据湖以其灵活的数据模型和多源数据集成能力，为企业提供了存储各种结构化和非结构化数据的中心化存储库。而数据仓库则通过 ETL 过程、预定义报表和查询、OLAP 以及数据挖掘和统计分析等方法，为企业提供了整合、清洗和分析数据的功能。通过这些数据集成和分析方法，企业可以深入挖掘数据背后的价值，为业务决策提供有力的支持，实现商业增长和竞争优势。

1. 数据湖的数据集成和分析方法

(1) 弹性数据模型：数据湖采用了一种弹性数据模型，可以存储各种结构化和非结构化数据，而无须提前定义数据模式或架构。这种灵活性使得数据湖能够接收多源数据，并在需要时进行数据转换和清洗。

(2) 数据湖引擎和计算引擎：数据湖通常配备了数据湖引擎和计算引擎，用于处理和分析存储在数据湖中的数据。数据湖引擎提供了数据的存储和管理功能，而计算引擎支持各种分析工具和编程语言，如 SQL 查询、大数据处理、实时分析和机器学习。

(3) 数据湖的查询和分析工具：数据湖提供了多种查询和分析工具，以支持对数据的不同类型分析。这包括使用 SQL 查询对结构化数据进行查询、使用大数据处理框架进行复杂分析、使用全文搜索引擎进行文本分析和使用机器学习算法进行预测和建模等。

2. 数据仓库的数据集成和分析方法

(1) ETL(抽取、转换、加载)：数据仓库通常通过 ETL 过程对数据进行集成、清洗和转换。ETL 流程涉及从不同数据源中抽取数据，将其转换为统一的数据模型，并加载到数据仓库中。这确保了数据的一致性和准确性。

(2) 预定义报表和查询：数据仓库提供了预定义报表和查询功能，使业务用户可以通过简单的 SQL 查询或选择特定报表来访问和分析数据。这些报表和查询是基于数据仓库中的预定义模型和维度构建的。

(3) OLAP(联机分析处理)：数据仓库支持 OLAP 技术，可以进行多维分析和切片。OLAP 允许用户根据不同的维度进行数据切片和钻取，以便更深入地了解数据的关系和趋势。

(4) 数据挖掘和统计分析：数据仓库还支持数据挖掘和统计分析方法，用于发现隐藏在数据中的模式、趋势和关联。这包括使用机器学习算法进行预测和分类分析、使用统计工具进行趋势分析和使用数据可视化工具进行可视化分析。

以上是数据湖和数据仓库的数据集成和分析方法的主要特点。这些方法使得企业能够更好地管理和利用数据，从而支持决策和创造商业价值。

10.3　区块链和数据库应用

本小节将探讨区块链和数据库的集成方式及其应用场景以及去中心化数据库与区块链的关系。同时，本小节还将关注区块链数据库的安全性和可扩展性的考虑，为读者提供全面的了解和洞察。通过深入研究和应用区块链和数据库的结合，可以探索新的数据管理和交换模式，为各行各业带来更加创新和高效的解决方案。

10.3.1　区块链技术的基本原理和特点

1. 区块链定义及历史

(1) 区块链定义。

区块链是一种分布式账本技术，通过去中心化的网络和密码学算法，使得参与者可以在没有中间人的情况下进行可靠的数据交换和验证。它是一种将数据以块的形式链接起来，并以不可篡改的方式存储和共享的技术。区块链的核心特点包括去中心化、安全性、透明性和不可篡改性。

(2) 区块链的历史。

区块链起源于 2008 年，最初由中本聪在他发布的《比特币白皮书》中提出。它是一种去中心化的分布式账本技术，用于记录交易和数据。比特币区块链是第一个应用区块链的示例，它通过密码学保证了交易的安全性和可靠性。随后,以太坊项目推出智能合约概念,扩展了区块链的功能。区块链技术逐渐在金融、供应链、医疗等领域得到应用,并引发了对去中心化、安全性和透明性的关注。尽管面临一些挑战,但区块链仍被视为一项具有潜力的创新技术,可能在未来改变各个行业的运作方式。

2. 区块链的特点及原理

(1) 区块链由以下几个部分组成。

① 区块:区块是区块链中的基本单元,用于存储交易和数据记录。每个区块包含了一定数量的交易信息,以及与前一个区块的链接,如图 10-11 所示。

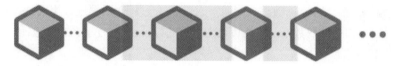

图 10-11　块-链存储结构

② 节点:区块链网络中的参与者称为节点。节点可以是个人计算机、服务器或其他设备。它们共同维护和操作整个区块链网络,并参与交易验证和区块的创建。

③ 共识算法:共识算法用于解决分布式系统中节点之间的信任和一致性问题。它确保所有节点就交易的有效性达成共识,并决定哪个节点有权创建新的区块。

④ 加密技术:加密技术在区块链中起着重要作用,用于保护交易和数据的安全性。它包括公钥密码学、哈希函数和数字签名等技术,用于验证身份、加密数据和确保交易的完整性。

(2) 区块链的工作原理可以简要概括如下。

① 分布式网络:区块链是由许多节点组成的分布式网络。这些节点可以是个人计算机、服务器或特定的区块链节点。每个节点都有一份完整的账本副本。

② 区块链结构:区块链由一个个区块组成,每个区块包含了一部分交易数据和其他元数据。每个区块都包含一个指向前一个区块的引用,形成了一个链式结构。

③ 共识机制:区块链通过共识机制来确保网络中的节点就账本的状态达成一致。常见的共识机制包括工作量证明(proof of work)和权益证明(proof of stake)。共识机制的选择取决于具体的区块链协议。

④ 交易验证和打包:当有新的交易发生时,节点将对这些交易进行验证,包括验证交易的有效性和数字签名等。通过共识机制,节点将有效的交易打包成一个新的区块。

⑤ 区块链的添加和验证:新的区块被添加到区块链中后,其他节点会进行验证,确保区块中的数据和交易是合法的。验证通过后,该区块被认可并加入整个区块链中。

⑥ 不可篡改性:区块链的数据是以块的形式链接在一起的,并使用密码学哈希函数进行加密。这使得修改一个区块的数据变得极其困难,因为这将涉及修改该区块以及后续所有区块的哈希值。

⑦ 去中心化和安全性:区块链的去中心化特性意味着没有单一的控制机构,所有节点共同参与账本的维护和验证。这样可以提高系统的安全性,防止单点故障和篡改。去中心化网络如图 10-12 所示。

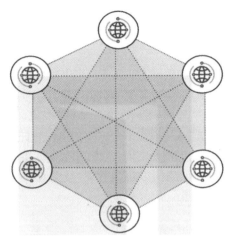

图 10-12　去中心化网络

总的来说，区块链通过分布式网络、共识机制和密码学技术，实现了去中心化的、安全的、不可篡改的账本记录和交易验证，为各种应用场景提供了可信任的基础设施。

10.3.2　区块链和数据库的集成方式及其应用场景

区块链和数据库是两种不同的技术，它们各自具有独特的特点和应用场景。然而，随着区块链技术的发展，越来越多的组织开始探索如何将区块链和数据库集成起来，以实现更强大的数据管理和应用。

1. 集成方式

区块链和数据库可以通过以下方式进行集成。

(1) 双向同步：通过建立双向的数据同步机制，将数据库中的数据同步到区块链，并将区块链上的数据反向同步回数据库。这样可以实现数据库和区块链之间的数据互通，确保数据的一致性和完整性。

(2) 链下存储：将大量的数据存储在传统的数据库中，而将核心的交易记录和验证信息存储在区块链上。这种方式可以在保证数据安全性的同时，提高数据处理的效率和吞吐量。

(3) 智能合约调用：将数据库的数据与智能合约相结合，通过智能合约对数据库中的数据进行验证和控制。智能合约可以在区块链上执行，并通过与数据库进行交互来处理相关的业务逻辑和数据操作。

2. 应用场景

区块链和数据库的集成可以应用于各种领域和场景，包括但不限于如下的领域和场景。

(1) 供应链管理：通过区块链和数据库的集成，可以实现供应链的可追溯性和透明性。每个参与方可以记录和验证物流信息、产品来源和质量检测结果，确保供应链环节的可信度和数据的准确性。

(2) 金融服务：区块链和数据库的集成可以用于金融交易的记录和验证。通过区块链的不可篡改性和数据库的高效性，可以实现更安全、快速和可追溯的金融交易，如跨境支付、数字资产管理和智能合约执行。

(3) 医疗健康：将医疗数据存储在数据库中，并通过区块链进行访问和共享，可以提高医疗数据的安全性和隐私保护。同时，通过智能合约和区块链的集成，可以实现医疗数据的授权管理和研究数据的安全共享。

(4) 知识产权保护：通过区块链和数据库的集成，可以建立可信的知识产权管理系统。每个知识产权的交易和授权都可以记录在区块链上，并与数据库进行同步，确保知识产权的产权归属和交易的合法性。

综上所述，区块链和数据库的集成可以在多个领域中实现更安全、高效和可信的数据管理和应用。双向同步、链下存储和智能合约调用是实现区块链和数据库集成的常见方式。通过集成，可以构建出更强大的数据管理系统，将其应用于供应链管理、金融服务、医疗健康、知识产权保护等各种场景，从而推动行业的创新和发展。

10.3.3　去中心化数据库和区块链的关系

去中心化数据库是指将数据存储和管理的权力分散到多个节点或参与方，而没有一个中心化的控制机构。每个节点都可以拥有完整的数据副本，并通过共识算法来保持数据的一致性。去中心化数据库通常通过分布式协议来实现数据的复制和同步，确保数据的安全性和可靠性。

区块链是一种特定的去中心化数据库，它将数据以块的形式进行存储，并使用加密技术和共识算法来保证数据的安全性和一致性。区块链的核心特点是不可篡改性和去中心化的性质。每个区块包含了一批交易记录，并通过哈希值和前一个区块的引用进行链接，形成了一个不可修改的链式结构。

因此，区块链可以被视为一种特殊类型的去中心化数据库。它通过使用加密技术和共识算法来保证数据的完整性和可信度，同时提供了分布式的数据存储和管理机制。区块链的设计使得数据更加安全、透明和可追溯，从而在诸如金融交易、供应链管理和数字资产管理等领域发挥了重要作用。

总的来说，去中心化数据库和区块链有着紧密的关系，区块链可以被看作是一种特殊类型的去中心化数据库，它在数据存储和管理方面具有独特的特点和优势。

10.3.4　区块链数据库的安全性和可扩展性考虑

区块链数据库在安全性和可扩展性方面具有一些特点和挑战。

1. 安全性

(1) 去中心化：区块链数据库的去中心化特性使得没有单一的控制点，因此减少了单点故障和攻击的风险。攻击者需要同时攻击多个节点才能成功篡改数据，提高了攻击的难度。

(2) 共识机制：区块链通过共识机制确保网络中的节点就账本的状态达成一致。常见的共识机制如工作量证明(PoW)和权益证明(PoS)要求节点进行计算或抵押来参与共识过程，从而确保网络的安全性和数据的一致性。

(3) 加密技术：区块链使用密码学技术来保护数据的机密性和完整性。每个区块都使用哈希函数进行加密，并通过数字签名确保交易的真实性和不可篡改性。

(4) 不可篡改性：区块链的数据是以块的形式链接在一起的，每个块都包含前一个块的哈希值。这种结构使得修改一个块的数据变得极其困难，因为这将涉及修改该块以及后续所有块的哈希值。这种不可篡改性维护了数据的完整性。

2. 可扩展性

(1) 交易吞吐量：区块链的交易吞吐量是一个重要的可扩展性指标。传统的区块链如比特币和以太坊面临着每秒处理的交易数量有限的挑战。为了提高可扩展性，一些新的区块链平台采用了不同的共识机制、分片技术和侧链等方法来增加交易吞吐量。

(2) 存储容量：随着区块链的增长，存储容量成为一个可扩展性问题。每个节点都需要存储完整的区块链数据副本，这对于存储资源的要求很高。一些解决方案包括采用轻客户端、分布式存储和数据压缩等技术来减少存储需求。

(3) 网络带宽：区块链的网络带宽也是一个可扩展性考虑因素。随着交易数量的增加，网络带宽可能成为瓶颈，导致延迟和拥堵。一些解决方案包括改进网络协议、引入更高效的传输机制和采用分层结构来提高网络带宽的利用率。

总的来说，区块链数据库在安全性方面通过去中心化、共识机制和加密技术提供了高度的安全性保障。在可扩展性方面，区块链面临着交易吞吐量、存储容量和网络带宽等方面的挑战，需要采用各种技术和方法来提高可扩展性并满足不断增长的需求。

10.4　人工智能和数据库

随着人工智能(AI)的发展，数据库技术在其应用领域中扮演着至关重要的角色。人工智能对数据库的影响和需求变得日益显著，数据库的应用范围也不断扩大，涵盖了机器学习、深度学习、自然语言处理(NLP)、推荐系统和智能决策等方面。

10.4.1　人工智能对数据库的影响和需求

人工智能的迅猛发展正深刻地影响着各个领域，而数据库作为 AI 应用的重要基础设施，在这一变革中发挥着关键的作用。人工智能对数据库的影响和需求不断增加，推动着数据库技术的创新和发展。以下是一些主要的影响和需求。

(1) 数据量的增加：人工智能应用需要处理大规模的数据集，这对数据库提出了更高的存储和处理能力要求。人工智能算法的训练和推理过程需要大量的数据支持，因此数据库系统需要能够高效地管理和存储这些数据。

(2) 实时性要求：许多人工智能应用需要实时数据的支持，例如实时推荐、实时风险评估等。数据库系统需要能够提供高性能的实时数据查询和更新能力，以满足人工智能算法对实时数据的需求。

(3) 复杂查询和分析：人工智能算法通常需要进行复杂的数据查询和分析操作，例如复杂的关联查询、多维分析和图形算法等。数据库系统需要具备高级查询功能和灵活的分析能力，以支持人工智能算法的需求。

(4) 数据质量和一致性：人工智能算法对数据的准确性和一致性要求较高。数据库系统需要提供数据完整性约束、数据清洗和一致性维护等功能，以确保人工智能算法的准确性和可靠性。

(5) 高性能计算支持：一些复杂的人工智能算法需要进行大规模的计算和模型训练。数据库系统需要提供高性能计算支持，例如分布式计算和并行查询，以加速人工智能算法的执行和训练过程。

数据隐私和安全性：人工智能应用通常涉及敏感数据和个人信息。数据库系统需要提供强大的数据隐私和安全保护机制，以确保人工智能算法在合规和安全的环境中运行。

总的来说，人工智能对数据库提出了更高的性能、灵活性、实时性和安全性要求。数据库技术需要不断发展和创新，以适应人工智能时代对数据管理和处理的新挑战。

10.4.2　数据库在机器学习和深度学习中的应用

数据库在机器学习和深度学习中扮演着重要的角色，提供了数据管理、存储和查询的关键支持。以下是数据库在机器学习和深度学习中的应用方面。

(1) 数据存储和管理：机器学习和深度学习算法通常需要处理大规模的数据集，包括训练数据、特征向量和模型参数等。数据库提供了高效的数据存储和管理能力，可以将数据以结构化的方式存储在表或者其他数据结构中，并支持对数据的快速检索和更新。

(2) 数据预处理和清洗：在机器学习和深度学习中，数据预处理和清洗是非常重要的步骤。数据库提供了数据清洗、转换和集成的功能，可以通过 SQL 查询或其他数据操作方式，对数据进行清洗、去除噪声、处理缺失值等预处理操作，以提高数据的质量和可用性。

(3) 特征工程：特征工程是机器学习和深度学习中的关键步骤，它涉及选择、构建和转换特征，以便更好地表达数据的特征信息。数据库可以提供强大的查询和计算能力，支持特征选择、聚合计算和特征转换等操作，从而加快特征工程的过程。

(4) 训练数据集的生成：在机器学习和深度学习中，合适的训练数据集对于模型的训练和优化至关重要。数据库可以支持从原始数据中生成训练样本和标签，通过查询和筛选等操作，提取具有代表性的训练数据，为模型的训练提供有用的样本。

(5) 分布式计算和并行处理：机器学习和深度学习的训练过程通常需要进行大规模的计算和模型优化。数据库系统可以支持分布式计算和并行处理，通过将计算任务划分为多个子任务，同时利用多台计算机的计算资源，加速训练过程的执行速度。

(6) 模型管理和部署：在机器学习和深度学习中，模型的管理和部署是一个关键的环节。数据库可以提供模型的存储、版本管理和查询功能，方便研究人员和开发者对模型进行管理和共享。此外，数据库还可以与机器学习平台和服务集成，实现模型的部署和在线预测功能。

综上所述，数据库在机器学习和深度学习中发挥着重要的作用，提供了数据管理、预处理、特征工程、训练数据集生成、分布式计算和模型管理等关键功能。通过数据库的支持，研究人员和开发者能够更高效地进行机器学习和深度学习的工作，加速模型训练和优化的过程。

10.4.3　数据库与自然语言处理(NLP)的结合

自然语言处理(natural language processing，NLP)是一门研究人工智能和语言学的交叉领域的学科，旨在使计算机能够理解、处理和生成自然语言。

NLP 的目标是通过计算机技术来解决语言的各种问题，包括自动语音识别、语音合成、文本分类、信息抽取、机器翻译、情感分析、问答系统等。NLP 技术的发展使得计算机能够更好地与人类进行交流和理解人类，实现人机之间的自然语言交互。

数据库与自然语言处理(NLP)的结合是为了更好地处理和管理自然语言数据，并实现对自然语言的理解和分析。以下是数据库与 NLP 结合的一些常见应用。

(1) 文本存储和检索：数据库可以用于存储和管理大规模的文本数据集，提供高效的检索和查询功能。结合 NLP 技术，可以通过数据库进行文本搜索、模糊匹配、关键词提取等操作，使得对大量文本数据的访问更加高效和便捷。

(2) 实体识别和关系抽取：NLP 技术可以识别文本中的命名实体(如人名、地名、组织机构等)，并提取实体之间的关系。数据库可以用于存储和管理这些实体和关系的数据，支持实体识别和关系抽取任务的数据存储和查询。

(3) 语义分析和语义搜索：通过数据库存储和索引文本数据的语义信息，结合 NLP 技术进行语义分析，可以实现更精确的语义搜索。基于数据库的语义搜索可以根据查询意图和语义关联性，更好地匹配用户的查询，提供更准确和相关的搜索结果。

(4) 自然语言生成和智能问答：数据库中存储的结构化数据可以为自然语言生成和智能问答系统提供丰富的知识基础。通过结合 NLP 技术，可以将数据库中的数据转化为自然语言的形式，实现自动的文本生成和智能问答功能，使得用户可以用自然语言提出问题，并从数据库中获取相应的答案。

(5) 语言模型和文本生成：数据库中的文本数据可以用于训练语言模型，进而实现自然语言的生成和文本的补全。结合数据库的数据存储和查询能力，可以有效地管理和处理训练数据，并利用 NLP 技术生成具有语言规范性和一致性的文本。

综上所述，数据库与自然语言处理的结合可以提供更好的数据管理和查询能力，实现对自然语言数据的高效处理、理解和分析。这种结合为各种 NLP 应用场景提供了强大的基础和支持。

10.4.4　数据库与推荐系统和智能决策的结合

随着互联网的快速发展和智能设备的普及，产生了大量的数据。这些数据包含了用户的行为、偏好、购买历史等有价值的信息。为了更好地利用这些数据，提供个性化的服务和决策支持，推荐系统和智能决策引擎应运而生。

推荐系统旨在通过分析用户的历史行为和偏好，为用户提供个性化的推荐，如商品推荐、音乐推荐等。而智能决策引擎则是利用大数据分析和机器学习算法，基于数据和模型进行实时决策，如定价、库存管理、风险评估等。

然而，推荐系统和智能决策引擎需要大量的数据支持，而数据库则是存储、管理和处理数据的关键基础设施。通过将数据库与推荐系统和智能决策引擎相结合，可以实现数据的高效获取和处理，为推荐和决策提供强大的数据支持。

例如，在电商领域，数据库可以存储用户的购买历史、浏览行为等信息。推荐系统可以利用数据库中的数据分析用户的兴趣和偏好，并生成个性化的商品推荐。智能决策引擎可以根据数据库中的销售数据、库存信息等，实时调整价格策略和库存管理，以最大化销售和利润；在金融领域，数据库可以存储客户的交易记录、信用评估等数据。推荐系统可以根据数据库中的数据为客户推荐适合的金融产品和投资方案。智能决策引擎可以基于数据库中的数据和模型，实时评估风险并制定个性化的信贷策略。

将数据库与推荐系统和智能决策相结合可以增强数据驱动的决策和个性化用户体验。通过将数据库中的数据与推荐系统和智能决策引擎相连接，可以在以下方面获得优势。

(1) 个性化推荐：推荐系统可以根据用户的历史数据和偏好，在数据库中提取相关信息，并通过算法和模型生成个性化的推荐结果。数据库中的数据可以为推荐系统提供丰富的信息和上下文，从而提供更准确、有针对性的推荐。

(2) 实时决策：智能决策引擎可以通过对数据库中的实时数据进行分析和处理来支持实时决策。例如，在电商场景下，智能决策引擎可以根据数据库中的库存、销售数据等实时信息，调整价格策略或推出促销活动，以优化销售和运营效果。

(3) 数据分析和洞察：将数据库与推荐系统和智能决策相结合，可以进行更深入的数据分析和洞察。通过对数据库中的数据进行挖掘和分析，可以发现隐藏的规律、趋势和关联，为决策制定提供更可靠的依据。

(4) 数据一体化管理：作为数据的存储和管理中心，数据库可以与推荐系统和智能决策引擎进行无缝集成，实现数据的统一管理。这样可以避免数据的重复存储和不一致性，并提高数据的质量和可靠性。

需要注意的是，在将数据库与推荐系统和智能决策相结合时，需要考虑数据的安全性和隐私保护。合理的权限控制和数据脱敏等措施可以确保敏感数据不被滥用和泄露。

综上所述，将数据库与推荐系统和智能决策相结合，可以在个性化推荐、实时决策、数据分析和洞察等方面获得优势，为企业提供更智能化和高效的决策支持和用户体验。

10.5　其他新兴数据库技术和趋势

随着大数据时代的到来，数据库技术也在不断进化和发展。除了传统的关系型数据库，新兴的数据库技术正在崛起，并逐渐成为各行各业处理不同类型数据的首选解决方案。本小节将介绍一些新兴数据库技术和趋势，包括图数据库和社交网络分析、时序数据库和物联网数据处理、内存数据库和高性能数据处理，以及异构数据库和多模型数据库。

10.5.1　图数据库和社交网络分析

图数据库是一种专门用于存储和处理图结构数据的数据库。它的核心思想是将数据以图的形式进行建模，其中节点表示实体，边表示实体之间的关系。这种数据模型非常适合存储和分析社交网络、推荐系统、知识图谱等领域的数据。

在社交网络分析中，图数据库发挥着关键作用。社交网络是由人与人之间的关系构成的复杂网络。通过图数据库，可以轻松地存储和查询社交网络中的节点和边，以便进行各种分析和查询操作。

如图 10-13 所示，每个用户可以发抖音、分享抖音或评论他人的视频。这些都是最基本的增删改查操作，也是大多数研发人员对数据库所做的常见操作。

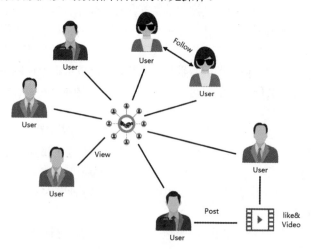

图 10-13　社交网络场景图

在研发人员的日常工作中，除了将用户的基本信息录入数据库，还需要查找与该用户相关联的信息，以便进行进一步的分析。例如，当发现张三的账户中有大量关于编程和二次元的内容时，可以根据这些信息推测他可能是一名程序员，并向他推送他可能感兴趣的内容。这样的分析和推断是基于数据库中存储的用户偏好和行为数据进行的。通过利用数据库的信息，能够更好地了解用户的兴趣和需求，从而提供更个性化和针对性的服务。

数据处理是一项需要不断地执行的任务。然而，有时候，实现一个简单的数据工作流可能会变得相当复杂。此外，随着数据量的增加，数据库的性能也会急剧下降。

例如，获取某个管理者下属的三级汇报关系是数据分析中常见的一种操作。然而，这个简单的查询操作的性能可能会因为选择的数据库不同而产生巨大差异。

1. 传统数据库的解决思路

对于解决上述问题，传统的方法是建立一个关系模型。可以将每个员工的信息存储在表中，并选择使用关系数据库(如 MySQL)进行存储和管理。基本的关系模型示意图如图 10-14 所示。

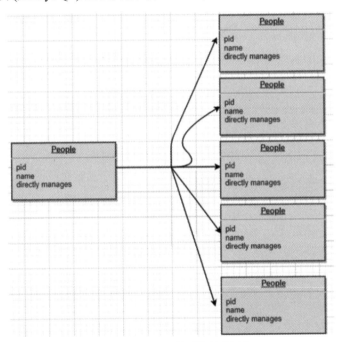

图 10-14　基本的关系模型示意图

然而，基于上述的关系模型来实现用户的需求时，不可避免地需要进行大量的关系数据库 JOIN 操作。这样导致生成的查询语句变得相当冗长(有时甚至达到上百行)，这种代码不仅可读性差，而且在某个人编写完成后，其他人几乎无法接手维护。对于维护人员和开发者来说，这是一场灾难。没有人愿意编写或调试这种代码，而且代码的可维护性也很差。

此外，效率也很低。对于上万条记录的查询，可能需要花费大量的时间。关系型数据库在这种情况下建模失败的主要原因在于数据之间缺乏内在的关联性。为了解决这类问题，更好的建模方式是使用图结构。

2. 使用图结构建模

通过节点和关系来表示和处理数据是图数据库和其他数据库的核心区别。

前面提到传统数据库通过使用 JOIN 操作将不同的表连接在一起，从而隐式地表示数据之间的关系。然而当想要通过 A 管理 B、B 管理 A 的方式查询结果时，表结构并不能直接反馈结果。

为了在查询之前就了解相应的查询结果，则需要先定义节点和关系。可以通过以下方式进行说明：将经理和员工表示为不同的节点，并使用一条边来表示他们之间的管理关系；或者将用户和商品视为节点，并使用购买关系进行建模等。当需要引入新的节点和关系时，只需进行几次更新即可，而无须改变表的结构或迁移数据。

根据节点和关联关系，之前的数据的建模如图 10-15 所示。

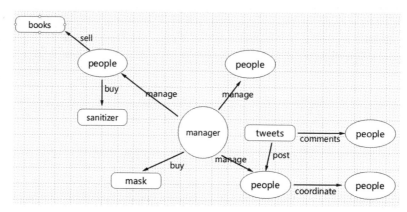

图 10-15 图结构社交网络关系建模

建模后，通过图查询语言(以 neo4j 为例)：

```
MATCH (boss)-[:MANAGES*0..3]->(sub), (sub)-[:MANAGES*1..3]->(personid) WHERE
boss.name = "Jeff" RETURN sub.name AS list, count(personid) AS Total
```

很简单地就可以实现经理和员工之间的管理关系查询，比传统数据库使用 JOIN 操作的表连接查询效率显著提升。图数据库在处理社交网络分析等具有复杂关系的场景时具有优势，能够更高效地表达和查询数据之间的关联。这就是图数据库在社交网络分析场景中的应用。

10.5.2 时序数据库和物联网数据处理

时序数据库是一种专门用于存储和处理时间序列数据的数据库。它在物联网(IoT)数据处理中扮演着重要的角色。

时序数据库的特点是针对时间序列数据的高效存储和查询，它可以处理大规模的实时数据流，适用于需要对数据按时间顺序进行分析和查询的场景，包括物联网数据处理。

在物联网中，大量传感器和设备会不断产生各种类型的数据，如温度、湿度、压力、位置等数据。这些数据通常需要按照时间顺序进行存储和分析，以便执行实时监控、故障检测、趋势分析和预测等任务。时序数据库能够满足这些需求，并具备以下特点。

(1) 高效存储：时序数据库采用优化的存储结构和索引，可以高效地存储和压缩时间序列数据，减少存储空间的占用。

(2) 快速查询：时序数据库通过时间索引和聚合函数等技术，可以快速查询和分析时间序列数据。它支持按时间范围、采样率、数据间隔等条件进行灵活的查询和聚合操作。

（3）实时处理：时序数据库具备实时数据处理的能力，可以接收和处理实时流式数据，并提供低延迟的查询和分析功能。

（4）扩展性：时序数据库支持水平扩展，可以处理大规模的数据流和高并发访问，适应物联网中海量数据的存储和处理需求。

（5）数据保留策略：时序数据库支持数据保留策略，可以根据数据的时间戳自动删除或归档旧的数据，以控制数据库的存储容量。

综上所述，时序数据库在物联网数据处理中具有重要作用。它能够高效地存储和查询时间序列数据，并支持实时处理和扩展性，满足物联网中对于实时监控、故障检测、趋势分析和预测等任务的需求。

10.5.3　内存数据库和高性能数据处理

1. 内存数据库简介

内存数据库是一种将数据完全加载到内存中进行存储和处理的数据库系统，它在高性能数据处理方面具有显著的优势。

传统磁盘数据库在数据处理过程中需要频繁地进行磁盘读写操作，而内存数据库将数据存储在内存中，通过直接访问内存数据来实现高速的数据读写。这种方式消除了磁盘 IO 的瓶颈，大大提高了数据处理的速度和性能。

2. 案例演示

当涉及高性能数据处理时，内存数据库在许多情况下能够展现出其优势。以下是一个实际案例，演示在 MySQL 8.0 环境中如何进行高性能数据处理。

假设有一个电子商务网站，需要处理大量的订单数据，并进行实时的订单分析和查询。可以通过以下步骤来展示内存数据库和高性能数据处理。

（1）创建内存表：MySQL 8.0 引入了内存表(InnoDB 引擎的内存优化表)。可以通过创建内存表来将数据完全加载到内存中。

```
CREATE TABLE orders (
  id INT PRIMARY KEY,
  customer_id INT,
  order_date DATE,
  total_amount DECIMAL(10, 2)
) ENGINE=InnoDB ROW_FORMAT=COMPRESSED KEY_BLOCK_SIZE=8;
```

（2）加载数据：将大量订单数据加载到内存表中，可以使用 INSERT 语句或者批量导入数据。

```
INSERT INTO orders (id, customer_id, order_date, total_amount) VALUES
(1, 1001, '2023-07-01', 150.50),
(2, 1002, '2023-07-02', 200.00),
... （大量数据）
```

（3）查询数据：使用内存表进行高性能的数据查询。由于数据存储在内存中，查询速度非常快。

```
SELECT * FROM orders WHERE order_date = '2023-07-01';
```

通过使用内存表,可以实现高性能的数据处理和查询。由于数据存储在内存中,避免了磁盘 IO 的开销,提供了快速的数据读写能力。此外,MySQL 8.0 还提供了其他性能优化功能,如压缩、索引优化和并行查询等,进一步提升了数据处理的性能。

需要注意的是,内存表适用于较小的数据集,如果数据量过大无法完全加载到内存中,可以考虑其他内存数据库解决方案,如 Redis、Memcached 等。

通过内存数据库和高性能数据处理的结合,能够实现实时、高速的数据查询和分析,提升系统的响应性能,满足对大数据量和实时性要求较高的应用场景的需求。

3. 内存数据库在高性能数据处理中的优点

(1) 快速数据访问:由于数据存储在内存中,内存数据库可以实现非常快速的数据读取和写入操作,提供低延迟的数据访问能力。

(2) 高并发处理:内存数据库能够支持大规模并发访问,多个请求可以同时访问和处理数据,从而提高系统的并发处理能力。

(3) 实时数据处理:由于内存数据库的高速数据读写特性,它非常适合处理实时数据,如将其用于实时监控、实时分析和实时决策等场景。

(4) 复杂数据操作:内存数据库提供了丰富的数据结构和操作命令,能够方便地进行复杂的数据操作,如高级查询、事务处理和复杂数据分析等。

(5) 永久化存储支持:尽管内存数据库将数据存储在内存中,但它通常也支持将数据持久化存储到磁盘或其他介质,以确保数据的可靠性和持久性。

内存数据库在许多应用领域中都具有广泛的应用,如高频交易系统、实时分析系统、网络缓存和实时推荐系统等。它们的高速读写能力和高性能数据处理特点使得这些应用能够快速处理和分析大量的数据,并实现实时的数据查询和决策。

10.5.4 异构数据库和多模型数据库

异构数据库和多模型数据库是两种不同的数据库概念,它们在数据存储和处理方面有着不同的特点。

异构数据库是指由不同类型或不同厂商的数据库组成的数据库系统。它可以包含关系型数据库、面向对象数据库、文档数据库、键值对数据库等不同类型的数据库。每个数据库类型可以根据其擅长的领域和功能特点来存储和处理相应的数据。异构数据库系统可以通过数据共享和数据集成的方式将不同类型的数据库连接在一起,以满足特定应用场景的需求。

多模型数据库是一种支持多种数据模型的数据库系统。传统的关系型数据库使用表模型来存储数据,而多模型数据库可以同时支持关系型、文档型、图形型、键值对等多种数据模型。这意味着在一个数据库中,可以使用不同的数据模型来存储和查询数据,以适应不同类型和结构的数据。

多模型数据库可以根据数据的特点和应用需求选择最适合的数据模型,从而提供更灵活、高效的数据存储和处理能力。它允许开发人员在一个数据库中使用不同的数据模型,而无须为每种数据模型使用不同的数据库系统。

总的来说,异构数据库是由不同类型或不同厂商的数据库组成的系统,而多模型数据库是一种支持多种数据模型的数据库系统。异构数据库通过数据共享和数据集成的方式连接不同类型的数据库,而多模型数据库在同一个数据库系统中支持多种数据模型,提供更灵活的数据存储和处理能力。

本章总结

- 云数据库和数据库即服务提供了灵活的数据库解决方案，借助云计算和虚拟化技术，实现了高可用性和弹性扩展。
- 数据湖和数据仓库在大数据时代扮演重要角色，通过不同的架构和优势满足了不同的数据存储和分析需求。
- 区块链技术与数据库的集成为数据的安全和可追溯性提供了新的解决方案，同时去中心化数据库也得到了广泛关注。
- 人工智能对数据库的需求和影响日益增加，数据库在机器学习、深度学习、自然语言处理、推荐系统等领域发挥着重要作用。
- 图数据库、时序数据库、内存数据库以及异构数据库和多模型数据库等新兴技术也在不断涌现，可以满足不同领域的数据存储和处理需求。

上机练习

上机练习　云数据库的搭建

1. 训练技能点

云数据库的搭建。

2. 任务描述

假设开发一个基于云环境的在线商城应用，并决定使用云数据库作为数据存储解决方案。你需要完成以下任务。

(1) 创建一个云数据库实例。选择合适的云服务提供商和数据库引擎，例如 AWS RDS、阿里云数据库 RDS 或华为云数据库 GaussDB 等。确保选择一个适合你应用需求的数据库引擎(例如 MySQL、PostgreSQL 等)。

(2) 在云平台上创建一个数据库，并将其命名为 online_store。确定合适的数据库字符集和排序规则。

(3) 创建两个表：一个用于存储用户信息，一个用于存储产品信息。设计表结构，使其包括必要的字段，例如用户 ID、姓名、年龄和产品 ID、产品名称、价格等。

(4) 使用云平台提供的工具或客户端连接到云数据库实例。确保能够成功连接和管理数据库。

(5) 将一些示例数据插入用户信息表和产品信息表中，确保数据能够正确存储和检索。

(6) 编写 SQL 查询语句，查询用户信息表中年龄大于等于 30 岁的用户及其购买的产品信息。

3. 做一做

根据任务的描述进行项目实训，检查学习效果。

巩固练习

一、选择题

1. 以下选项中( )描述了数据库即服务(DBaaS)的概念。
   A. 数据库与云计算的集成解决方案
   B. 在数据库中提供即时查询和分析功能
   C. 将数据库软件作为服务提供给用户，无须用户管理和维护基础设施
   D. 数据库与数据湖的集成解决方案

2. 数据湖和数据仓库之间的主要区别是( )。
   A. 数据湖支持实时数据处理，而数据仓库只支持批量处理
   B. 数据湖使用结构化数据，而数据仓库使用非结构化数据
   C. 数据湖以原始格式存储数据，而数据仓库以预定义模式存储数据
   D. 数据湖只适用于大规模数据存储，而数据仓库适用于小规模数据存储

3. 下列选项中不是区块链技术与数据库的集成方式的是( )。
   A. 双向同步　　　　　　B. 链下存储
   C. 智能合约调用　　　　D. 单向同步

4. 以下选项中不是人工智能对数据库的影响和需求的是( )。
   A. 量的增加　　　　　　B. 离线业务分析
   C. 复杂查询与分析　　　D. 高性能计算支持

二、填空题

1. _____技术是实现云计算的基础支撑技术之一，它通过将计算机的物理资源进行虚拟化，将硬件资源虚拟化为虚拟机，从而能够实现多个虚拟机的资源共享。虚拟机可以像真实物理计算机一样使用并运行应用程序，同时保证各个虚拟机之间的隔离和安全性。

2. 数据仓库的英文名称为_____，可简写为_____或 DWH。数据仓库是优化的数据库，用于分析来自事务系统和业务线应用程序的关系数据。

3. 区块链是一种_____技术，通过去中心化的网络和密码学算法，使得参与者可以在没有中间人的情况下进行可靠的数据交换和验证。

4. 数据库与自然语言处理(NLP)的结合是为了_____和管理自然语言数据，并实现对自然语言的理解和分析。

项目实战 第**11**章

至此已经介绍了数据库的基础知识及常用技能，这些内容在工作中通常是依托业务来实现的。本章将通过两个案例的学习，从需求的产生、业务功能的描述、数据库设计以及业务功能的实现，加深对数据库的理解，增强对技术的灵活运用。

学习目标

- 增强对数据库设计的理解
- 增强对 SQL 的理解及运用
- 掌握 SQL 跟业务结合的解读方式

11.1 网上书店

在现代生活中，人们已经习惯通过网络进行各种商品的购买。某书店为拓宽销售渠道、提升业绩、新开辟网上销售渠道，建立一个网上销售系统，客户可以在网上浏览图书信息并根据自己的需要选择要购买的图书、下订单和确认购买。

11.1.1 需求概述

1. 前台功能

网上书店前台要实现如下功能。
- 最新图书显示。
- 畅销图书显示。
- 活动图书显示。
- 按照某关键字与图书标题的匹配来查询图书信息并显示。
- 按照图书类别分类显示图书信息。
- 用户单击某一本书，显示本书的详细信息。
- 用户可以选择自己喜欢的书，放入购物车。
- 用户如果需要登录，需要先注册为本网站的用户。
- 用户可以对购物车中的图书下订单，下订单前面先登录。
- 用户登录后可以查询自己的订单的情况，包括是否发货、商品在途情况、商品签收情况。
- 图书关联提示，在浏览某本书的时候，提示购买此书的用户还购买的其他书目图书。

2. 后台功能

网上书店后台要实现如下功能。
- 图书基本信息录入。
- 图书信息修改。
- 图书销售折扣设置。
- 订单发货。
- 订单信息查询(可随时查询订单货物的情况)。
- 用户账户充值。
- 用户密码修改。
- 在本项目案例中，我们要根据设计完成数据库的创建，并模拟网上书店各业务在数据库访问中的实现。

11.1.2 设计与思路分析

1. 数据对象分析

在设计数据表之前，首先要提取系统要操作的对象，并分析对象自身的属性信息，确定这些信息的描述方式和格式限制，并分析对象之间的关系。根据项目需求的说明，我们提取的业务对象有以下六个。

(1) 图书信息：描述图书的基本信息，包括书名、作者、单价、折扣、图书类型、出版日期、出版社、ISBN、用户评分、图书描述、章节内容。

(2) 订单信息：包括订单号、订单日期、订单总价、订货人、联系电话、收货人、收货人联系电话、送货地址、邮政编码、发票抬头、发票内容、配送方式、订单状态。

(3) 订单明细：是某个订单的所有图书商品的详细信息，包括订单号、图书 ID、销售单价、数量。

(4) 客户信息：是在本网站注册的客户信息，包括客户名称、登录密码、联系电话、Email、详细地址、账户余额。

(5) 图书类型：是一个字典表，对图书的类型进行管理，图书类型可以有文学、小说、艺术、经济、管理、计算机、英语、考试等。

(6) 出版社信息：是对出版社信息进行管理的字典表，出版社信息包括：名称、地址。

2. 数据库表设计

根据对数据对象的分析，设计的数据表的结构定义如表 11-1~表 11-7 所示。

表 11-1　图书类别表(book_cate)

字段	类型	说明
cateID	整数	自动增长列，主键
cateName	文本(50)	类别名称，非空

表 11-2　出版社信息表(publisher)

字段	类型	说明
pubId	整数	自动增长列，主键
pubName	文本(50)	出版社名称，非空
address	文本(200)	地址

表 11-3　配送方式表(deliver_type)

字段	类型	说明
deliverTypeId	整数	自动增长列，主键
typeName	文本(20)	配送方式，非空
cost	文本(30)	收费标准，某配送方式的收费标准

表 11-4　图书信息表(books)

字段	类型	说明
bookId	整形	自动增长列，主键
title	文本(100)	图书的名称，非空
authors	文本(100)	图书的作者，非空，包括作者、译者
unitPrice	小数	图书定价，非空数字，必大于 0
discount	小数	当前销售折扣，在 1%~100%；代表按照以定价 1%~100%的价格出售。默认为 1，即原价销售

(续表)

字段	类型	说明
cateId	int	图书的分类，如文学、小说、艺术、经济、管理、计算机、英语、考试等
pubDate	日期	图书出版的日期，非空
pubID	整数	出版社的编号，非空。外键，对应"出版社信息表"的编号
ISBN	文本(20)	非空，唯一
roat	整数	用户对这本书的评分结果 0 到 5。默认为 0，表示还没有评分
description	文本(200)	对图书内容的简单描述
TOC	文本(500)	图书章节目录描述

表 11-5　客户信息表(customers)

字段	类型	说明
custID	整数	自动增长列，主键
custName	文本(30)	用户登录名，非空
loginPwd	文本(20)	用户结账时必须登录输入的密码。最低 6 位，非空
phone	文本(20)	用户的联系电话，非空，用来送货时联系
email	文本(50)	可以为空，非空时必须是合法的邮件格式
address	文本(80)	可以为空
account	小数	用户可以往账户上充值，本字段显示账户的余额；非空，默认为 0。

表 11-6　订单信息表(orders)

字段	类型	说明
orderID	整数	自动增长编号，主键
orderNo	文本(20)	订单的编号，由系统按照一定规则生成，非空，唯一
orderPrice	小数	订单总价，不填写。实际值应由订单明细计算得到
orderDate	日期	客户确定订单的日期，需要记录到时-分-秒
custId	整数	下订单的顾客编号，外键，与"客户信息表"的编号对应
custName	文本(20)	收货人的姓名，可为空
custPhone	文本(11)	收货人的联系方式，以便货到后联系，非空
custAddress	文本(100)	货物派送的具体地址，非空
ZIP	文本(6)	收货地址的邮编，非空
invoiceTitle	文本(50)	可为空，若非空，则要按照此名称填写发票抬头
invoiceContent	文本(20)	发票项目名称
deliverTypeID	整数	配送方式的代号，外键。引用"配送方式表"的编号
orderStatus	文本	订单当前的状态。分为未付款、已付款、已发货、已收货四种状态。默认为未付款

表 11-7　订单明细表(order_details)

字段	类型	说明
orderID	整数	外键，引用"订单表"的编号
bookID	整数	外键，引用"图书信息表"的编号
qty	整数	非空，必须大于 0。本订单订购某图书的数量
unitPrice	小数	非空，下订单时的实际销售价

注：此表由订单编号+图书编号联合做主键。

11.1.3　实现步骤

1. 建立数据库

使用 SQL 语句建立网上书店数据库，数据库名称为 book_shop。

2. 建立数据表

使用 SQL 命令建立 book_shop 中的各个表，按照字段说明中的约束定义建立表约束和主外键。

3. 基本数据准备

(1) 前台客户注册。有用户访问本网站，要进行注册，用 Insert 语句实现用户注册功能，即向客户信息表(customers)中插入一条记录，该用户的基本信息如下。

登录名为 Tom，登录密码为 123456，联系电话为 010-60257566，电子邮件为 tom@hotmail.com，Address 为北京市海淀区苏州街 18 号维亚大厦 12 楼。

按照同样的方式，为自己在本网站注册用户。

(2) 添加图书信息。仓库新到了一批计算机类图书，要完成入库，这些图书信息如表 11-8 所示，将这几本书的信息录入数据库中。

表 11-8　图书信息表

书名	作者	单价	出版日期	出版社	ISBN
别告诉我你懂 ppt	李治	42	2021-7-1	北京大学出版社	9787301157633
C#程序设计	陈宝国	99	2022-8-1	机械工业出版社	9787111347781
Java 编程思想	Bruce	108	2023-6-1	机械工业出版社	9787111213826

(3) 录入其他测试数据。客户确认订单后，需要将订单信息添加到 order 和 order_details 两个表中。

11.1.4　业务模拟

1. 网站前台业务模拟

网站前台的核心功能是数据展示。为了完成前台的图书显示，方便客户购书，需要用 SQL 语句实现一些查询功能，主要包括以下查询。

- 查询所有图书的书名、作者、单价、ISBN、出版社、类型。
- 查询"清华大学出版社"所出版的所有图书信息。

- 查询所有以"JAVA"开头的图书。
- 查询所有国外出版的经过翻译的图书(凡作者一栏带有"译"字的图书)。
- 查询编号为 5 的图书的书名、作者、出版日期、ISBN、单价和出版社名字。
- 畅销图书查询,查询销售数量前 10 名的图书编号。
- 最新图书查询,查询最近入库的 20 本图书。
- 活动图书查询,查询折扣在 7.5 折以下的图书基本信息。
- 客户订单查询。Tom 已经登录了网站,他需要查看自己的所有历史订单信息(不需要订单明细)。
- 查询 2009 年 5 月份出版的图书。
- 查询所有在"2020-7-1"到"2023-7-31"间出版的图书。
- 查询 ISBN 编码中含有"1151"的图书。
- 统计出每个类别的图书数量。
- 查询所有"杨浩"翻译出版的图书。

2. 网站后台业务模拟

(1) 图书销售折扣设置。国庆期间图书打折,所有图书一律 8 折,计算机类图书 7 折销售,据此在数据库中设置打折信息。

(2) 订单发货。Tom 最近订购的图书的订单编号为"20230508011892",这个订单已经发货,需要修改订单的状态。

(3) 客户密码修改。Tom 原来的密码太简单,要修改为复杂的新密码"Tom_Love$book"。

(4) 订单信息查询。需要查询所有未发货的订单,显示订单编号、订单日期、收货人姓名和电话。

(5) 查询未发货订单的订单明细,显示订单日期、订购的图书名称、订购数量和订购单价。

(6) 后台管理员条件查询。 为了便于后台处理,需要增加许多定制查询功能,包括:

- 查询 orderNo 为"20230508004"的收货人姓名,地址和电话。
- 查询收货人电话中以"188"开头的客户有几人。
- 查询收货地址在"北京"地区的有几人。
- 查询账单金额最高的订单的收货人姓名和电话。
- 在 orders 表中获取所有的收货地址,以及每个收货地址购物的次数。
- 查询收货地址为"北京市和平东路四段 32 号"的所购图书的书名、作者、收货人的姓名、地址。
- 查询收货地址为"北京市和平东路四段 32 号"的所购图书的书名、作者、收货人的姓名、地址、出版社名字、图书类别,并按照图书的单价以降序排列。
- 查询在所有图书中单价最高的图书类别。
- 查询销量(销售金额)最高的一天。
- 统计每个出版社出版了多少本书。
- 大客户查询,查询包含图书最多的订单编号。
- 查询每个出版社所出版图书中的最高价格、最低价格和平均价格。

11.2 校园论坛管理系统

校园论坛使得大学生的生活多姿多彩，它成了学校师生进行各种信息交流、帮助和社交互动的平台。某大学想要设计一套校园论坛系统，实现广开言路、上传下达的美好目标。

11.2.1 需求概述

校园论坛管理系统包括以下方面。
- 个人可以通过手机号或学号注册账号，成为论坛用户。
- 各个板块内容显示。
- 公告内容显示。
- 用户发布帖子。
- 用户点赞帖子。
- 用户收藏帖子。
- 用户回复帖子。
- 用户发送私信。
- 后台管理用户可以审核用户发布的帖子。
- 管理用户可以发布公告。

根据设计步骤，首先要从需求中提取所用到的实体对象及属性，并绘制 E-R 图，然后用三范式对数据库设计进行规范化，建立数据模型图，最后根据模型图创建数据库的物理结构。

11.2.2 设计与思路分析

1. 数据对象分析

在设计数据表之前，首先要提取系统要操作的对象，并分析对象自身的属性信息，确定这些信息的描述方式和格式限制，并分析对象之间的关系。根据项目需求的说明，我们提取的业务对象有以下 11 个。

(1) 用户信息表。描述用户的信息，包括用户的用户名、密码、昵称、电子邮箱、性别、用户头像、用户签名、创建时间、用户角色。

(2) 角色表。描述角色的信息，包括角色名称。

(3) 论坛板块表。描述论坛的信息，包括板块名称、板块描述、板块创建时间。

(4) 帖子表。描述帖子信息，包括帖子标题、帖子内容、发帖人、发布的板块、帖子创建时间、最后回复时间、帖子审核情况。

(5) 帖子点赞表。描述点赞信息，包括点赞用户、帖子信息、点赞时间。

(6) 回帖表。描述回帖的信息，包括回帖的内容、回帖人、帖子信息、回帖创建时间。

(7) 回帖点赞表。描述回帖点赞信息，包括点赞用户、回帖信息、点赞时间。

(8) 收藏表。描述收藏帖子信息，包括收藏用户、帖子信息、收藏时间。

(9) 帖子标签表。描述帖子的标签信息，包括标签名称。

(10) 私信信息表。描述私信的信息，包括私信人、私信接收人、私信内容、私信创建时间、私信读取情况。

(11) 公告信息表。描述公告的信息，包括公告内容、公告标题、公告创建时间、公告发布时间、公告过期时间、公告创建人。

2. 数据库表设计

根据对数据对象的分析，设计的数据表的结构定义如表 11-9~表 11-19 所示：

表 11-9 用户信息表(user_info)

字段	类型	说明
id	整数	自动增长列，主键
username	字符串(20)	用户名，非空，唯一
password	字符串(30)	密码，非空，密码长度必须不少于 6 位
nickname	字符串(30)	昵称，非空，默认为当前时间
gender	枚举	用户性别，0 表示男，1 表示女，非空
email	字符串(20)	电子邮件，非空
avatar	二进制	用户头像
signature	字符串(50)	用户签名
created_at	日期时间	用户创建时间，非空
role_id	整数	外键，关联角色信息表

表 11-10 角色表(role)

字段	类型	说明
id	整数	自动增长列，主键
role_name	字符串(10)	角色名称，非空，唯一

表 11-11 论坛板块表(forum)

字段	类型	说明
id	整数	自动增长列，主键
forum_name	字符串(30)	论坛名称，非空，唯一
description	字符串(255)	板块描述
created_at	日期时间	板块创建时间，非空，默认为当前时间

表 11-12 帖子表(post)

字段	类型	说明
id	整数	自动增长列，主键
title	字符串(30)	帖子标题，非空
content	文本(65,535)	帖子内容，非空
user_id	整数	发帖人 ID，外键
forum_id	整数	板块 ID，外键
created_at	日期时间	帖子创建时间，非空，默认为当前时间
last_reply_at	日期时间	最后回复时间
audit_status	整数	审核情况，提交未审核为 0，审核未通过为 1，审核已通过为 2

表 11-13　帖子点赞表(post_like)

字段	类型	说明
id	整数	自动增长列，主键
user_id	整数	点赞人 ID，外键
post_id	整数	帖子 ID，外键
created_at	日期时间	点赞时间，非空，默认为当前时间

表 11-14　回帖表(reply)

字段	类型	说明
id	整数	自动增长列，主键
content	文本(65 535)	回帖内容，非空
user_id	整数	回帖人 ID，外键
post_id	整数	帖子 ID，外键
created_at	日期时间	回帖创建时间，非空，默认为当前时间

表 11-15　回帖点赞表(reply_post_like)

字段	类型	说明
id	整数	自动增长列，主键
user_id	整数	点赞人 ID，外键
reply_post_id	整数	回帖 ID，外键
created_at	日期时间	点赞时间，非空，默认为当前时间

表 11-16　收藏表(post_favorite)

字段	类型	说明
id	整数	自动增长列，主键
user_id	整数	收藏用户 ID，非空
post_id	整数	收藏帖子 ID
created_at	日期时间	收藏时间，非空，默认为当前时间

表 11-17　帖子标签表(post_tag)

字段	类型	说明
id	整数	自动增长列，主键
tag_name	字符串(30)	标签名称，非空，唯一

表 11-18　私信信息表(message)

字段	类型	说明
id	整数	自动增长列，主键
sender_id	字符串(30)	发送者 ID，外键
recipient_id	字符串(40)	接收者 ID，外键
content	文本(300)	私信内容，非空
is_read	整数	是否已读，已读为 1 未读为 0，默认为 0
created_at	日期时间	收藏时间，非空，默认为当前时间

表 11-19　公告信息表(notice)

字段	类型	说明
id	整数	自动增长列，主键
content	文本(300)	公告内容，非空
title	字符串(30)	公告标题
created_at	日期时间	创建时间，非空，默认为当前时间
release_at	日期时间	发布时间，非空，默认为当前时间
failure_at	日期时间	过期时间，非空，默认为当前时间加一天
user_id	整数	发布人 ID，外键

帖子表和标签表是属于多对多关系，因此，需要在两张表之间添加一个关联关系表，如表 11-20 所示。

表 11-20　帖子与标签关联表(post_tag_map)

字段	类型	说明
id	整数	自动增长列，主键
post_id	字符串(30)	帖子 ID，外键
tag_id	字符串(40)	标签 ID，外键

11.2.3　实现步骤

1. 建立数据库

先要核对此系统的要求，使用 SQL 语句建立校园论坛数据库，数据库名称为 school_bbs。

2. 建立数据表

使用 SQL 命令建立 school_bbs 中的各个表，按照字段说明中的约束定义建立表约束和主外键。

3. 基本数据准备

(1) 角色添加。添加普通用户角色和管理员角色，为后续普通用户注册和管理员添加做准备。

使用 INSERT 语句插入两条角色记录，一条命令把角色命名为"管理员"，一条命令把角色命名为"普通用户"。

(2) 后台管理员账户注册。先添加一些管理账号，帮助审核用户的帖子。

使用 INSERT 语句实现管理员注册功能。

(3) 创建论坛板块信息。需要事先创建一些板块信息，让用户找到自己感兴趣的板块和其他人交流。

使用 INSERT 语句实现板块信息创建。

(4) 创建论坛公告。创建论坛公告，给注册的用户提示注意事项。

公告内容如下：

标题：注意事项

内容：①不允许发布不良信息、色情信息、反动言论、暴力信息等不健康的内容，同时也要注意尊重他人隐私。②不要发布虚假、歪曲事实的内容，确保发布的内容真实、准确。

11.2.4 业务模拟

1. 常规业务

(1) 个人用户注册。使用手机号进行注册。即在 user_info 表中添加一条记录。

(2) 上传头像。上传个性头像图片，图片大小限制在 16M 以下。

(3) 修改密码。修改用户的密码，根据用户名进行修改。

(4) 发帖。用户发布帖子，询问 MySQL 事务的四个属性。为了引起关注，同时在帖子中添加标签，标签内容为"MySQL 学习"。

> **提示 »»** 在插入帖子表(post)记录时，同时也要在帖子标签表(post_tag)和帖子和标签关联表(post_tag_map)中各自添加一条记录。因此执行此操作需要开启事务。

(5) 审核帖子。后台管理员对帖子进行审核，如果发现有违规的内容，直接审核不通过，如果没有问题，则审核通过，其他用户才可以查看。

> **提示 »»** 审核通过，设置审核情况(audit_status)为 2。审核不通过，设置审核情况(audit_status)为 1。用户修改内容再次提交，审核情况应该是提交未审核。

(6) 回帖。其他用户看到帖子后根据自己对 MySQL 事务的了解进行回帖。

> **提示 »»** 在回帖表添加一条记录，同时要更新对应帖子的最后回复时间，开启事务执行此操作。

(7) 点赞回帖。点赞其他用户的回帖。

(8) 点赞帖子。点赞其他用户发布的帖子。

(9) 收藏帖子。收藏其他用户发布的帖子。

(10) 私信。给其他用户发送私信。

(11) 查看用户的帖子。查看用户自己发布的帖子列表，在列表中只显示帖子标题和部分内容即可。

> **提示 »»** 显示用户部分内容时，可以使用 SUBSTR()函数和 CONCAT()函数来实现。

(12) 查看用户的点赞。查看用户自己点赞的帖子列表，在列表中只显示帖子标题和部分内容即可。

> **提示 »»** 用户的点赞包括两部分，一部分是用户点赞的帖子，一部分是用户点赞的回帖。使用 UNION 操作符连接两个部分。

(13) 查看用户的收藏。查看用户的收藏帖子列表，在列表中只显示帖子标题和部分内容即可。根据用户的 id 进行查询。

(14) 查看用户发送的私信。查看用户发送的私信列表。并统计发送的总条数。

> **提示 »»** 包括两条 SQL 语句，一条查看用户发送的私信列表，一条查看用户发送的总条数。根据用户的 id 进行查询。

(15) 查看用户接收的私信。查看用户接收的私信列表。并统计未读总条数。

提示 ≫ 包括两条 SQL 语句，一条查看用户接收的私信列表，一条查看用户未读私信总条数。根据用户的 id 进行查询。

2. 创建索引和视图

(1) 用户单击某个帖子查看帖子详情。帖子详情包括帖子的信息(帖子标题、帖子内容、发布时间)、作者姓名、点赞数量、用户是否对帖子点赞、用户是否收藏此帖、回帖信息(回帖内容、回帖时间、分页显示、每次只显示帖子的 10 条回帖)、回帖者姓名、每个回帖的点赞数量、用户是否对回帖点赞。

提示 ≫ 此查询操作包括多个连接查询，需要连接的表有帖子表，用户表，帖子标签表，帖子标签和帖子关联关系表、回帖表、点赞表、点赞回帖表、收藏表。使用视图可以帮助开发者快速地查询。

(2) 用户可以根据标签或者标题进行帖子搜索。

提示 ≫ 对帖子的标题和标签做索引，加快查询速度。

参考文献

[1] 姜承尧. MySQL 技术内幕：InnoDB 存储引擎[M]. 北京：机械工业出版社，2021.

[2] [英]Ben Forta.MySQL 必知必会[M]. 北京：人民邮电出版社，2020.

[3] 张工厂. MySQL5.7 从入门到精通[M]. 北京：清华大学出版社，2019.

[4] 李小威. MySQL 8.x 从入门到精通[M]. 北京：清华大学出版社，2022.

[5] 国家 863 中部软件孵化器.MySQL 从入门到精通[M]. 北京：人民邮电出版社，2016.

[6] [美]Silvia Botros，Jeremy Tinley. 高性能 MySQL[M]. 北京：电子工业出版社，2022.

[7] 李锡辉，王敏. MySQL 数据库技术与项目应用教程[M]. 北京：人民邮电出版社，2022.

[8] 汪晓青. MySQL 数据库基础实例教程[M]. 北京：人民邮电出版社，2019.

[9] 郑阿奇. MySQL 数据库教程[M]. 北京：人民邮电出版社，2017.